集成电路科学与工程丛书

半导体芯片和制造
——理论和工艺实用指南

［美］廉亚光（Yaguang Lian） 著

师 静 译

机械工业出版社

本书是一本实用而先进的关于半导体芯片理论、制造和工艺设计的书籍。本书对半导体制造工艺和所需设备的解释是基于它们所遵守的基本的物理、化学和电路的规律来进行的，以便读者无论到达世界哪个地方的洁净室，都能尽快了解所使用的工艺和设备，并知道使用哪些设备、采用何种工艺来实现他们的设计和制造目标。本书理论结合实际，大部分的描述均围绕着实际设备和工艺展开，并配有大量的设备图、制造工艺示意图和半导体芯片结构图。本书主要包括如下主题：基本概念，例如等离子设备中的阻抗失配和理论，以及能带和Clausius-Clapeyron方程；半导体器件和制造设备的基础知识，包括直流和交流电路、电场、磁场、谐振腔以及器件和设备中使用的部件；晶体管和集成电路，包括双极型晶体管、结型场效应晶体管和金属－半导体场效应晶体管；芯片制造的主要工艺，包括光刻、金属化、反应离子刻蚀（RIE）、等离子体增强化学气相沉积（PECVD）、热氧化和注入等；工艺设计和解决问题的技巧，例如如何设计干法刻蚀配方，以及如何解决在博世工艺中出现的微米草问题。

本书概念清晰，资料丰富，内容先进，可作为微电子学与固体电子学、电子科学与技术、集成电路工程等专业的研究生和高年级本科生的教学参考书，也可供相关领域的工程技术人员参考。

图书在版编目（CIP）数据

半导体芯片和制造：理论和工艺实用指南 /（美）廉亚光著；师静译 . —北京：机械工业出版社，2023.10（2024.11 重印）

（集成电路科学与工程丛书）

书名原文：Semiconductor Microchips and Fabrication: A Practical Guide to Theory and Manufacturing

ISBN 978-7-111-73551-9

Ⅰ.①半…　Ⅱ.①廉…②师…　Ⅲ.①芯片－半导体工艺

Ⅳ.① TN430.5

中国国家版本馆 CIP 数据核字（2023）第 137241 号

机械工业出版社（北京市百万庄大街 22 号　邮政编码 100037）
策划编辑：刘星宁　　　　　　责任编辑：刘星宁
责任校对：张晓蓉　李　婷　　封面设计：马精明
责任印制：李　昂
北京中科印刷有限公司印刷
2024 年 11 月第 1 版第 2 次印刷
184mm×240mm・14 印张・325 千字
标准书号：ISBN 978-7-111-73551-9
定价：99.00 元

电话服务　　　　　　　　网络服务
客服电话：010-88361066　机 工 官 网：www.cmpbook.com
　　　　　010-88379833　机 工 官 博：weibo.com/cmp1952
　　　　　010-68326294　金 书 网：www.golden-book.com
封底无防伪标均为盗版　机工教育服务网：www.cmpedu.com

前　言

"半导体工艺工程师"这个标签贯穿于我整个职业生涯。作为研发工程师，我在伊利诺伊大学香槟分校何伦亚克微纳米技术实验室（Holonyak Micro & Nanotechnology Laboratory，HMNTL）工作了近20年。该实验室的核心部分是洁净室，里面布置了不同种类的设备，以用于制造各种各样的半导体器件。这个实验室向整个校园和社会开放。到目前为止，我已培训千余人使用洁净室里的设备，大部分的培训对象是博士研究生。这些培训经历，使我有机会应对各种问题，并帮助不同的使用者解决不同类型的技术难题。

在多年的培训中，我接触到不同背景的学生，他们大部分具有电气工程（EE）或电气计算机工程（ECE）背景，但有些人就没有这些背景。不具备 EE 或 ECE 背景的学生缺乏半导体及其制造工艺的基本知识，而具备了 EE 或 ECE 背景的学生也需要补充工艺的工作原理和设备的基本结构方面的知识。对工艺和设备理解不足，这不仅发生在许多具备 EE 或 ECE 背景的博士研究生们的身上，甚至还发生在一些博士后的身上。这种现象产生的一个重要原因是他们没有从所遵循的物理和化学的原理来理解工艺和设备。对于这些现象的思考和来自学生们的鼓励，促使我写了本书。

我们现在用芯片来描述半导体器件和集成电路（IC）。为了满足不具备 EE 或 ECE 背景的读者需求，本书包含半导体的概念、理论、历史，以及芯片的基本结构。这些内容会给他们理解半导体制造工艺打下基础。为了帮助具备 EE 或 ECE 背景的读者更好地理解工艺和设备，本书努力从物理定律、化学反应和电路的角度来描述工艺原理、设备结构和工艺配方（process recipe）的设计。它不仅告诉读者如何做工艺，还阐述了工艺为何如此设计。本书把半导体制造工艺和大学洁净室里使用的设备结合了起来，所以，本书会给不同背景的读者带来大的益处。

本书是以基本概念和生活中的例子来开始讨论，对许多读者来说，这是一本方便使用的图书。它用简单的语言来描述复杂的概念和理论，可满足不同层次读者的需求，这些读者包含本科生、研究生、研究人员、工程师和教授。本书会为读者提供一条通往半导体研究、工艺和制造的成功之路。针对学生或工程师在半导体工艺中常遇到的问题，读者可以从本书中找到有益的建议和解决的方案，这些建议和方案是基于我几十年的工作经历得到的。而且，读者在本书中还能看到一些有用的实验结果，这些结果将为他们开展的工艺工作提供帮助。

在当今时代，半导体技术已被广泛用于许多领域。本书也是写给那些虽然其专业不是半导体，但有意在芯片的研发和制造中有所作为的读者。至于那些不太了解半导体及其工艺的读者，只要他们掌握了基本的物理、化学和电路知识，通过阅读本书，就能容易和快速地掌握半导体的理论、原理和制造工艺。在本书中，读者能够学到基本的概念和技巧，这些对于开发半导体工艺是必需的。当他们采用半导体技术来改善产品质量或提高项目的研究水平时，也可以将这些概念和技巧运用其中。

没有 HMNTL，我不可能完成本书的写作。在 HMNTL，我和同事们有着美好的时光。在此，我想对我这些非凡的同事们表示感谢：John Hughes 先生、Mark McCollum 博士、Edmond Chow 博士、Glennys Mensing 博士、Ken Tarman、Hal Romans、Michael Hansen、Lavendra Mandyam、Karthick Jeganathan 和 Paul Dipippo。从他们那里，我学习了更多的大学洁净室的布局和管理；从他们那里，我还在设备维修、工艺配方设计和参数测试上得到了许多帮助。我很高兴能和他们共事多年。

在本书的写作过程中，我得到了许多朋友的帮助。在写作的初期，Ruijie Zhao 博士给了我很好的建议，Wenjuan Zhu 博士审阅了我的初稿，Anming Gao 博士鼓励我写作本书，Raman Kumar 和 Alvin Flores 先生帮助我解决了书中一些理论方面的问题。尤其要感谢我的外甥 Tianyi Bai——一个宾夕法尼亚大学的研究生，他在本书的一些方面给出了建设性的观点。最后，我要感谢诞生于半导体技术的互联网，通过互联网，我能方便地找到我所需要的信息。在这里，我深深感谢允许我使用他们图片的公司和个人。

廉亚光

伊利诺伊大学香槟分校

美国伊利诺伊州香槟市

目　　录

第 1 章

基本概念的引入

1.1 什么是芯片

回顾人类文明的发展史，它经过了不同的文明阶段，从石器文明，到现代的信息文明。支撑石器文明的材料是石头，而支撑信息文明的材料是半导体，所以本质上当今社会就是以硅为代表的半导体时代。这个时代起步于 20 世纪 50 年代底到 60 年代初美国北加州靠近旧金山的湾区，后来人们把这一地区称为"硅谷"，成为高科技的代名词，并把我们带入到信息时代。由此可见，硅及其他的半导体就是这个信息时代的基石。如果石油是现代社会的血液，那么半导体芯片（简称为芯片）就是维持整个社会运行的大脑。半导体技术已经和其他工业紧密结合，用于提高它们的技术水平；半导体芯片被广泛地用于日常的家用电器中，极大地提高了我们的生活质量。芯片就是半导体器件和集成电路的总称，一个集成电路就是把许许多多微小的器件制作在一小片半导体上。

1.2 欧姆定律和电阻率

由于半导体芯片主要是在电流的作用下进行运行的，所以我们就先来了解一下什么是电流，以及电流是如何工作的。请看图 1-1，这是一个用于小家用电子产品的电压变换器，上面的两行字是"INPUT：120VAC 60Hz 22W"和"OUTPUT：15VAC @1100mA"，翻译成中文就是"输入：120VAC 60Hz 22W"和"输出：15VAC @1100mA"。文字里的技术词汇，其意义如下：

1）"VAC"中的"V"是电压单位"伏特"，简称"伏"；"AC"是指交流电（流）。

2）"Hz"是频率单位"赫兹"。

3）"W"是功率单位"瓦特"，简称"瓦"。

4）"mA"是"毫安"的意思，"毫"是千分之一，用"m"表示；而"安"是电流单位"安培"的缩写，用"A"表示。

由于用于小电器，所以这个变换器输出的是 15V 交流电，最大的输出电流是 1100mA，变换器上用 @ 来表示。美国交流电的标准是 110V、60Hz；中国交流电的标准是 220V、50Hz。从这么一个小电器，我们就能遇到许多电的知识、单位和标准，其中电压、电流和功率是用于标识电特性的三个基本参数，另一个基本参数是电阻，我们会在本节的后面谈到它。

电流是一种物理现象，物理现象是指不会产生新物质的过程，例如物体的运动、水的结冰和沸腾等。与此相对应的是化学现象，是指能产生新物质的过程，我们称这个过程为化学反应，例如氧气和氢气通过化学反应生成水。另外，还有核现象，该课题超出了本书的范围，就不加以讨论。现在让我们再回到电流这个话题，电流是由带电粒子的运动所产生的，带电粒子可以带正电，称之为"正电荷"，用"+"来表示；也可以带负电，称之为"负电荷"，用"−"来表示。在大部分的情况下，电流是电子的运动产生的，电子带负电。电流的单位安培是为纪念法国数学家和物理学家安德烈·玛丽·安培 [André-Marie Ampère（1775—1836）] 而命名，他被认为是电动力学之父。

电流是通过电线进入到我们的家庭，再进入到各种电器的。家用的电线一般分为两股芯线，就像图 1-1 中的变换器所附带的电线，以及三股芯线。如果我们剥开一个三股芯线的电线，其结构如图 1-2 所示。三股芯线分别是相线、零线和地线。绝缘层大部分是由橡胶和塑料制造；导线是由金属制造，大部分情况下是铝或铜。我们称橡胶和塑料这样的材料为绝缘体，因为电子不能在这种材料内运动，所以电流就不能在绝缘体内流动。我们称铝和铜这样的材料为导体，因为电子能在这种材料内运动，所以电流就能在导体内流动。

所有的材料都是由原子构成，原子会阻碍电子的运动，这就意味着所有材料都有和电流流动方向相反的阻力，这种阻力被称之为电阻，单位是欧姆，用"Ω"表示。电阻单位欧姆是为纪念德国物理学家乔治·西蒙·欧姆 [Georg Simon Ohm

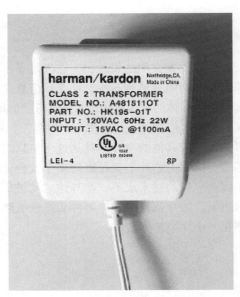

图 1-1 　小家用电子产品的电压变换器

（1789.3.16—1854.7.6）] 而命名。那么电子是如何在导体内运动的？是被电的压力推动的，这种特殊的压力被称之为电压，单位是伏特，用"V"表示。电压单位伏特是为纪念意大利物理学家亚历山德罗·伏特 [Alessandro Volta（1745—1827）] 而命名，他发明了被称之为伏特堆（又称为伏打堆）的最早的电池。现在我们有了和电相关的三个基本参数：电流，用"I"表示；电阻，用"R"表示；电压，用"V"表示。有时也用小写字母来表示电流、电阻和电压。它们之间的关系就是著名的欧姆定律：

$$I = \frac{V}{R} \tag{1-1}$$

之所以电子能在金属内流动，是因为金属有小的电阻；电子不能在绝缘体内流动，是因为绝缘体有大的电阻。科学家们用电阻率来表示一种材料单位长度的电阻，用"ρ"来表示，其单位是欧姆·厘米（Ω·cm），它和电阻之间的关系用下式来表示：

$$R = \rho \frac{L}{A} \qquad (1\text{-}2)$$

图 1-2　电线的基本结构

请看图 1-3，其中"A"是一段电阻材料的截面积，"L"是一段电阻材料的长度。为了应用更为方便，我们在此引入电导的概念。电导是用"G"来表示，它和电阻 R 的关系如下所示：

$$G = \frac{1}{R} \qquad (1\text{-}3)$$

电导的单位是西门子，用"S"来表示，以纪念维纳·冯·西门子 [Werner von Siemens（1816.12.13—1892.12.6）]，他是德国科学家和西门子公司的创建人。相应地，也有了电导率，用"σ"表示，它和电阻率 ρ 的关系是：

$$\sigma = \frac{1}{\rho} \qquad (1\text{-}4)$$

在实际生活和工作中，我们经常使用一种被称之为电阻的元件，其外形如图 1-4a 所示，而图形符号如图 1-4b 所示。

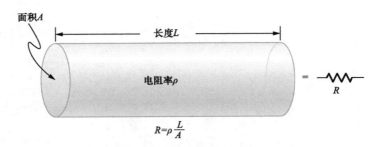

图 1-3   一段电阻材料示意图，电流是沿着长度方向流动

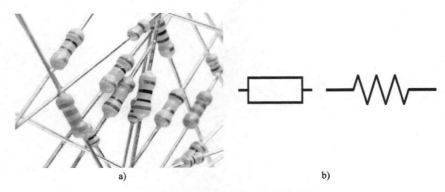

图 1-4   电阻的外形（图 a）和图形符号（图 b）

1.3   导体、绝缘体和半导体

现在我们用电阻率来区分导体和绝缘体。总的来说，导体的电阻率很低，绝缘体的电阻率很高。例如在室温下，铜的电阻率是 $1.55 \times 10^{-6}\Omega \cdot cm$，铝的是 $2.5 \times 10^{-6}\Omega \cdot cm^{[1]}$，此处 10^{-6} 是百万分之一。聚氯乙烯（PVC）是一种常用于制造绝缘材料的塑料，它的电阻率是 $2 \times 10^{12}{\sim}2 \times 10^{14}\Omega \cdot cm$，尼龙的是 $4.56 \times 10^{16}\Omega \cdot cm^{[2]}$。在数学上，$10^2$ 是指 10 后面有一个零，10^3 是指 10 后面有两个零，以此类推，由此可以知道，上述的两种绝缘材料的电阻率是 10 的后面有 11~15 个零！我们到此为止讨论的导体和绝缘体，它们的电阻率或者极小，或者极大，那么电阻率处于它们之间的材料存在吗？是的，这种材料存在，我们把这种材料称之为半导体。在室温下，硅的电阻率是 $6.3 \times 10^4\Omega \cdot cm$，锗的电阻率是 $46\Omega \cdot cm^{[1]}$。硅，化学元素符号是 Si，是现代半导体工业中最主要的材料，这也是为什么北加州的湾区被称为硅谷，英文是 "Silicon Valley"；锗，化学元素符号是 Ge，世界上第一只晶体管就是由锗制造的。硅和锗是单元素半导体，还有一种被广泛使用的半导体是化合物半导体，最常用的是砷化镓（GaAs），它的电阻率是 $10^7{\sim}10^9\Omega \cdot cm^{[3]}$。如此高的电阻率，所以我们称这种材料为半绝缘体。由于电阻率高，纯的砷化镓是不能用来制造器件的，必须掺杂使其变成半导体。事实上，硅也需要掺杂才能用于制造器件，我们将在第 17 章讨论掺杂问题。

　　至此，通过电阻率，我们区分了导体、半导体、半绝缘体和绝缘体。一般情况下，以砷化镓为代表的半绝缘体要转换成半导体，才能用于制造器件，所以在下面的讨论中，我们就把这类材料归类为半导体。用电阻率来区分材料是太简单了，为了理解它们，尤其是半导体，我们必须使用量子力学和能带论，因此有必要对量子力学和能带论进行简单的论述。

参 考 文 献

1 饭田修一等, (1979). 物理学常用数表, [日]. 科学出版社, 133–135.

2 Fink, D.G. and Beaty, H.W. (1987). *Standard Handbook for Electrical Engineers*, 12e, 4–153. McGraw-Hill Companies.

3 Soares, R., Graffeuil, J., and Obrégon, J. (1983). *Applications of GaAs MESFETs*, 17. Artech House.

第 2 章

理 论 简 介

本章是对量子力学加以简单的介绍，进而引入能带论，从理论上来了解一下什么是导体、绝缘体和半导体。

2.1 量子力学的产生

在 19 世纪末 20 世纪初，牛顿力学、麦克斯韦电磁场理论和麦克斯韦 - 玻尔兹曼统计理论所构成的现在称之为经典物理学统治着当时的物理世界。经典物理学研究的物理量有两大特点：连续性和可控性。然而，当时有两个难题，经典物理学的理论对它们束手无策，一个是黑体辐射，另一个是迈克耳孙 - 莫雷试验。在 1900 年，德国物理学家马克斯·普朗克 [Max Planck（1858.4.23—1947.10.4）] 提出了在辐射和吸收过程中，能量以一种分立而不是连续的形式出现，这种分立的能量被称之为能量量子化。这个假设很好地解释了黑体辐射，并被认为是量子力学的开端。在 1905 年，阿尔伯特·爱因斯坦 [Albert Einstein（1879.3.14—1955.4.18）] 发表了狭义相对论来解释迈克耳孙 - 莫雷试验。从此之后，物理学进入到了后牛顿的现代物理学时代。

根据普朗克的假设，每一份的能量是和电磁辐射的频率成正比，我们用 E 来表示能量，ν 表示频率，则普朗克方程是：

$$E = h\nu \tag{2-1}$$

式中，"h" 被称之为普朗克常数。频率的定义是单位时间一个事件重复发生的次数，在大部分的情况下，频率是用英文字母 "f" 表示的，但在量子力学里则是用 "ν" 来表示。如果这个事件重复的时间（周期）用 "T" 来表示，那么 f 和 T 的关系如下：

$$f = \frac{1}{T} \tag{2-2}$$

如果我们用秒来表示时间，那么每秒重复的次数，这样的频率单位就是赫兹，以纪念德国物理学家海因里希·赫兹 [Heinrich Hertz（1857.2.22—1894.1.1）]，他用试验证实了电磁波的存在。电磁波是被英国物理学家詹姆斯·克拉克·麦克斯韦 [James Clerk Maxwell（1831.6.13—1879.11.5）] 从理论上预言的，并且指出光就是电磁波，所用的理论就是他建立起来的麦克斯韦方程组。回到第 1 章所说的美国交流电的标准是 110V、60Hz；中国交流电的标准是 220V、50Hz，这里的 60Hz 和 50Hz 的意思就是电流高低振荡的次数，美国的是每秒钟 60 次，中国的是每秒钟 50 次。

普朗克方程 [见式（2-1）] 在物理学中起着很重要的作用，它是区分经典物理学和现代物理学的根本点之一。在经典物理学中，能量是以连续的形式存在，这种形式在宏观条件下是成立的。普朗克方程指出，在微观领域，能量是以不连续（量子）形式存在的，这是量子力学的基本特点之一。所以，在处理诸如原子和亚原子粒子这样的微观世界时，我们就必须使用量子力学。

在 1905 年，爱因斯坦发表了四篇论文，即光电效应、布朗运动、狭义相对论和质能转换关系。这四篇论文是奠定现代物理学基础的文章，并从根本上改变了人类自有史以来对空间、时间、质量和能量的认识。所以这一年又被称之为物理学的"奇迹年"。在质能转换关系这篇论文中，爱因斯坦提出了世人皆知的质能方程：

$$E = mc^2 \qquad (2-3)$$

式中，E 是能量；m 是质量；c 是光速，$c = 300000 \text{km/s}$。

现在让我们说说光电效应，光电效应是指当光照射在一种物体（大部分为金属）表面时，只要高于某个特定频率，表面的电子会被光激发而逃逸出来。这个现象最早是由赫兹发现的，逃逸出来的电子被称为光电子。在光电效应这篇论文中，爱因斯坦假设光束通过空间，不是按照经典的电磁场理论所描述的，以波的形式传播，而是以分立的"波包"方式传播，这种波包被称之为"光子"，每个光子遵守普朗克方程，具有 $h\nu$ 的能量。当照射物体的光子频率（能量）达到或超过某个阈值时，电子就会脱离物体的束缚发射出来（见图 2-1）。

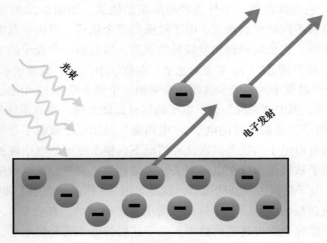

图 2-1　光电效应示意图

在 1913 年，丹麦物理学家尼尔斯·玻尔 [Niels Bohr（1885.10.7—1962.11.18）] 和出生于新西兰的英国物理学家欧内斯特·卢瑟福 [Ernest Rutherford（1871.8.30—1937.10.19）]，也是玻尔的导师，一起提出了一个模型，用来描述原子。这个模型指出，原子含有一个小的、高密度的原子核，被环绕它的电子所包围。这类似于太阳系的结构，只是这种吸引力来自于电磁力而不是引力。我们称这种模型为卢瑟福－玻尔模型，或简单叫做玻尔模型。图 2-2 就是氢原子的玻尔模型，在该图中，处于中间的是原子核，它是由一个中子和一个质子构成，电子在外层轨道旋转。中子不带电，质子带正电，由于一个原子中的质子数和电子数相同，所以在通常情况下，原子不带电，呈电中性。氢原子是由一个原子核和一个电子组成。

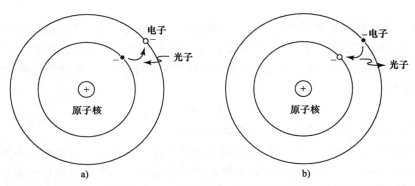

图 2-2　氢原子的玻尔模型 [1]：a）表示一个光子被吸收，电子从内层轨道跃迁到外层轨道；b）表示电子从外层轨道返回到内层轨道，并发射一个光子

在这个模型中，电子通常处于内层轨道，这个轨道的能量最低，被称为基态。但当电子吸收足够的能量时，它会跳跃到一个外层较高能级的轨道，如图 2-2a 所示，这个轨道被称之为激发态。激发态具有不同的能级轨道，电子跳跃到哪个轨道，取决于其吸收的能量多少。电子在激发态是不稳定的，它会跳回到能量较低的轨道，以发射一个光子的方式释放其能量，如图 2-2b 所示。有时，我们用 $\Delta E = h\nu$ 来表示光子。在数学中，"Δ"通常表示"差"或"变化量"的意思。图 2-3 是一个硅原子的能级示意图，硅是由 1 个原子核和 14 个电子组成，原子核里含有 14 个带正电的质子。图中"壳层"表示电子的运动如此之快，在原子核外围形成电子云，就像一个壳一样。"价电子"是最外层的电子。"电离态"是指电子吸收了足够大的能量，摆脱了原子核的束缚，成为自由电子的状态。在这种情况下，整个原子的电中性被打破，剩下的原子就带正电，这样的原子就被称为带正电的离子，或简称为正离子。光电效应中的电子就是电离态电子。如上所述，电子趋向占领低能级态，就是如图 2-3 所示的壳层 1 和壳层 2，它们是内壳层，电子完全占有这两层的状态，处于这两级的电子是稳定的。在壳层 3，电子数小于该层的状态数，所以电子不能完全占有这层的状态，处于这层的电子就是价电子。价电子决定了材料的化学特性，它（们）参与化学反应，并且容易激发到较高的能级状态。硅有 4 个价电子，锗也有 4 个。

在普朗克、爱因斯坦和玻尔等人工作的基础上，奥地利物理学家欧文·薛定谔 [Erwin Schrödinger（1887.8.12—1961.1.4）] 于 1926 年提出了薛定谔方程。至此，量子力学初步建立了起来。

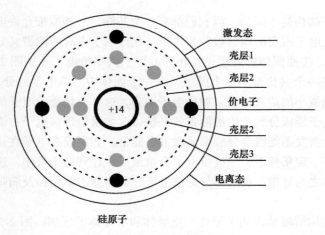

激发态
壳层1
壳层2
价电子
壳层2
壳层3
电离态

硅原子

图 2-3 硅原子的玻尔模型

2.2 能带

光电效应和玻尔模型隐含着电子的一个重要特性，那就是它（们）只占有一些特殊的能级。在单原子时，这种能级是分立的。但在像硅这样的晶体中，分立的能级会变成能带。物质通常有三种状态：固体、液体和气体。研究固体的物理称之为固体物理。如果一种固体，它的结构是周期有序的，这种固体就是晶体。我们所用的半导体大都是晶体结构。硅是单原子结构，在硅晶体中，原子是周期有序排列的，图 2-4 就是硅晶体结构示意图，图中的小球代表硅原子，*X-Y-Z* 是坐标系。由于在晶体中原子距离很近，一个原子最外层的价电子看上去也被其他原子所分享，所以单个原子中电子的分立能级，在晶体中就会变成能带。采用这个观点，并把量子力学推广到固体物理中，得到的结果之一就是能带论。通过求解薛定谔方程，就可得到不同晶体的能带结构。

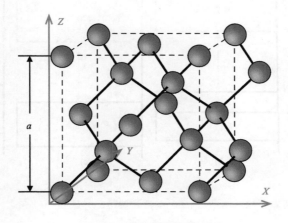

图 2-4 硅晶体结构示意图

　　不同晶体的能带结构是不同的，但它们都有一个共性，一些能带允许电子占有，一些能带禁止电子占有。禁止电子占有的能带被称为禁带，允许电子占有的能带又分为两类：价带（满带）和导带（空带）。按照固体物理理论，相邻的原子共享价电子（见图2-3），这就是共价结合，一对价电子组成一个共价键。如上所述，在一个固体中，单电子的分立能级会变成能带，能带的内部是由差别微小的能级组成。对价电子而言，这种变化是价电子的能级分裂所致，在能带中，这种由价电子能级分裂产生的能带就是价带。如果价带被电子占满，这个带就被称为满带。同样地，一个激发态能级会分裂形成激发态能带。如果没有电子在这个激发带中，该带就被称之为空带。在一定条件下，一些价电子会被激发跃迁到这个带中，这些电子就会产生电流，这时该带就被称之为导带。在大部分的情况下，我们就不单独提及满带和空带，而把它们归类为价带和导带。

　　能带论和能带结构清晰地表明了导体、绝缘体和半导体的区别。图2-5就是这几种材料的能带结构示意图。在该图中，可以看到价带、导带和禁带。该图显示，电子在导带，空穴在价带。图2-5a中，价带的顶部和导带的底部有一部分重合，没有禁带，许多电子会自动到达导带而参与导电，这是一种类型的导体，钙就是这种导体的一个例子。图2-5b中，虽然有个很大的禁带，但是价带不是满带，电子可以在价带中容易地流动参与导电，这是另一种类型的导体，铜就是这种类型的一个例子。所以说，根据能带论，共有两种类型的金属。图2-5c是绝缘体能带示意图，该能带有个很大的禁带，电子在通常的情况下是不能到达导带的，导带基本上是空带，而价带是满带，没有电子流动，就不会产生电流。图2-5d是半导体能带示意图，该能带有禁带，但禁带很窄，在室温下，价带中的一部分电子会通过热激发从价带跃迁到导带，跑到导带的电子会在价带中留下一些空位，这就是空穴，空穴带正电。进入到导带的电子会参与导电，而留在价带的空穴也会参与导电。

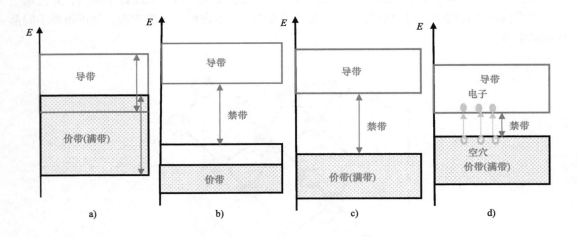

图2-5　固体中能带的基本结构示意图[2]：a）价带和导带部分重叠；b）价带不是满带；c）禁带宽度大；d）禁带宽度小

从能带论中，我们可以清晰地看出了导体、绝缘体和半导体的区别，也了解了导体和半导体导电的区别。导体导电，只是电子导电；而半导体是电子和空穴导电。虽然半导体有两种带电粒子（正和负）同时参与导电，但是由于总的带电粒子浓度要小于导体中电子的浓度，所以半导体的电导率要小于导体，换言之，半导体的电阻率要大于导体。

我们知道，电压驱动电荷运动，从而形成了电流。在半导体中，电子和空穴的运动产生电流，但它们的运动速度是不同的。我们用迁移率来进一步描述这种速度，迁移率定义为：在一个半导体中，电荷被电压驱动的速度有多快，并用 "μ" 来表示。我们会在第 5 章中进一步讨论这个问题。

在第 1 章，我们曾说原子会阻碍电子的运动从而产生电阻，我们在前面还说过若固体的结构是周期有序的，这种固体就是晶体。固体是由原子构成的，为了形象地表示晶体中原子排列的规律，可以将原子简化成一个点，用假想的线将这些点连接起来，构成有明显规律性的空间格架，请看图 2-4 所示的硅晶体结构示意图。这种表示原子在晶体中排列规律的空间格架叫做晶格。图 2-4 显示出硅晶体（c-Si）的一个最小的晶格结构，这个最小结构被称之为单位晶格，硅晶体就是由这个单位晶格重复排列构成的。单位晶格的尺寸就是晶格常数，在该图中用 "a" 表示。在导体中，随着温度的升高，原子的振动加剧，对电子运动的阻碍加强，电阻提高。而在半导体中，随着温度升高，更多电子进入到导带，使得导电性提高，电阻下降。这是除了电阻大小的区别之外，导体和半导体电阻的另一个区别。

虽然英国科学家斯蒂芬·格雷 [Stephen Gray（1666.12—1736.2）] 于 1729 年发现了导体和绝缘体，另一位英国科学家迈克尔·法拉第 [Michael Faraday（1791.9.22—1867.8.25）] 于 1833 年发现了半导体，但是真正搞懂这些材料的机制和区别是在能带论产生之后。

在量子力学中，能量 E 的单位是电子伏特，符号是 eV。大部分的情况下，能量的单位是焦耳（简称焦，符号是 J），该单位是用于纪念英国物理学家詹姆斯·焦耳 [James Prescott Joule（1818—1889）]，1eV=1.6×10^{-19}J。在半导体制造中，SiO_2 和 Si_3N_4 是最常用的两种介质（绝缘体）。室温下，SiO_2 的禁带宽度是 9eV，Si_3N_4 的是 5eV。而锗的禁带宽度是 0.66eV，硅的是 1.12eV，砷化镓的是 1.42eV [3]。

在 1947 年，三位美国科学家，即约翰·巴丁 [John Bardeen（1908.5.23—1991.1.30）]、沃尔特·布拉顿 [Walter Brattain（1902.2.10—1987.10.13）] 和威廉·肖克莱 [William Shockley（1910.2.13—1989.8.12）] 使用锗发明了世界上第一只半导体三极管（简称三极管）。因为三极管是在半导体晶体上制作的，所以半导体三极管又被称为半导体晶体管（简称晶体管），正因为如此，所以原来我们使用半导体晶体管制作的收音机，就被称为半导体收音机或晶体管收音机。晶体管是现代电子学的基石，它的发明开启了信息技术（Information Technology，IT）时代。图 2-6 就是我们日常使用的晶体管和第一只晶体管的照片。为什么要发明晶体管？要想知道其原因，我们需要对早期的无线电通信有个初步的了解。

a)

b)

图 2-6   晶体管（图 a）以及第一只晶体管和约翰·巴丁（图 b）

参 考 文 献

1 Bertolotti, M. (2004). *The History of the Laser*, 1e, 72. CRC Press.
2 童诗白主编. (1980). 模拟电子技术基础, 上册. 人民教育出版社, 4页。
3 Sze, S.M. (1985). *Physics of Semiconductor Devices*, 2e, 850–852. Wiley.

第 3 章

早期无线电通信

本章简单介绍以电报为代表的早期无线电通信技术和电子管的发明。

3.1　电报技术

在 1864 年，麦克斯韦通过求解以他的名字命名的方程组——麦克斯韦方程组，得出电磁波能在自由空间中以光速传播。电磁波的一种功能就是可以产生"远距作用（action at a distance）"的电火花。远距作用的物理含义就是一个物体可以通过非物理接触（就像机械接触）对另一个物体进行影响，改变其运动或其他特性。从 1887 年开始，赫兹开始了一系列的实验，他不但在实验上证实了电磁波的存在，而且还验证了电磁波就是以光速传播的。他用电容和电感（以后讨论）制造出振荡器（以后讨论）来产生和接收电火花，一个用作发射器，另一个用作接收器。这个实验装置产生并接收了现在称之为无线电波的东西（见图 3-1）。发射器是由一对铜线组成，铜线的中间有一个小缝隙，铜线的另外两端分别连着两个空心锌球，锌球起到电容的作用。把一个电池连到一个电感线圈，给发射器供电并在铜线的缝隙处产生电火花。电火花在铜线中产生脉冲电流，脉冲到达锌球，并产生电磁辐射，这就是无线电波。经过仔细调整，使得接收器的振荡频率和无线电波的频率相同，这种现象被称之为共振。产生共振后，电波就能在接收器中形成大的电流脉冲，与此同时，电火花就会在接收器的小缝隙中产生。利用这套装置，赫兹在世界上首次产生并探测到了无线电波。

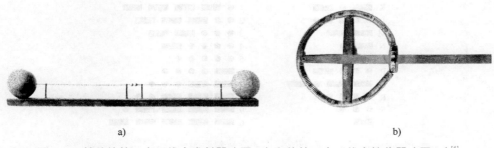

a)   b)

图 3-1　赫兹的第一个无线电发射器（图 a）和他的一个无线电接收器（图 b）[1]

在赫兹的实验中，发射器和接收器没有通过导线将它们连接在一起。在赫兹展示了产生和探测无线电波的方法后，受此激励，从19世纪90年代的早期，意大利发明家古列尔莫·马可尼 [Guglielmo Giovanni Maria Marconi（1874.4.25—1937.7.20）] 开始了无线电报的研究。当时，已经有了有线电报技术。为了改进天线的设计，他采用一个填充了金属颗粒的玻璃管（coherer）来取代接收器的缝隙。在1894年12月，马可尼开发了基于无线电波的无线电报系统，如图3-2所示。该发射器包含电感线圈、一个铜片形式的天线、一个发射电火花的缝隙和电报键。无线电电报技术开启了无线电通信的时代。

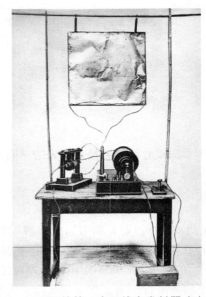

为了在有线电报中传送信息，从1836年到1844年，美国发明家萨缪尔·莫尔斯 [Samuel Finley Breese Morse（1791.4.27—1872.4.2）] 和他人共同开发了莫尔斯码，如图3-3所示。莫尔斯码把两个长短不同的信号编排成标准的序列来编译和破译所用的文字，这两个长短不同的信号被称之为"滴"和"哒"（dits 和 dahs），它们可用

图 3-2　马可尼的第一个无线电发射器（电报）[2]

在电报上。当莫尔斯码被无线电通信技术接受后，"滴"和"哒"就以不同长短的脉冲信号发射和接收。运用莫尔斯码的电报技术被广泛地在世界各地使用，直到互联网的发明。

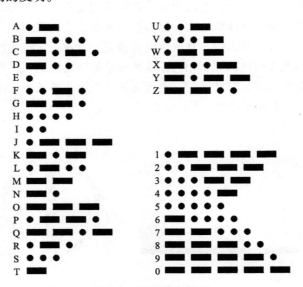

图 3-3　国际莫尔斯码

3.2 电子管

在一开始，马可尼的电报很难进行像跨洋这样的远距离通信，一个重要的原因是原始技术没有对发射信号进行放大的功能。在 1904 年和 1906 年，英国发明家约翰·弗莱明 [John Ambrose Fleming（1849.11.29—1945.4.18）和美国发明家李·德·福雷斯特 [Lee de Forest（1873.8.26—1961.6.30）发明了电子二极管和电子三极管。由于它们是在真空玻璃管里放上电极制作而成，所以又被称之为真空二极管（vacuum diode）和真空三极管（vacuum triode），简称为真空管，有时又被称为电子管，作者小时候就用过电子管收音机。

真空管具有放大功能，能放大无线电信号的功率，实现远距离直至跨洋的无线电通信（见图 3-4）。真空管是很重要的发明，用它来取代原始技术中的火花－缝隙技术，不但实现了远距离电报，还实现了跨洋电话。电子管还把收音机和电视带入了家庭。另外一个重要突破就是数字计算，因而可以做出计算机，这种计算机就是用电子管制作的第一代计算机（见图 3-5）。这台计算机的缩写是 ENIAC，是第一台可编程的、电子的和通用的数字计算机。

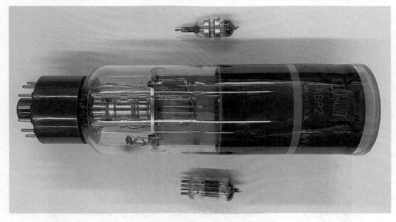

图 3-4 真空管

真空管有两个主要问题：体积大和功耗大。从 20 世纪 20 年代开始，许多科学家就开始尝试用新型器件来代替真空管，大家要把这种新型器件开发为固体器件。在 1947 年半导体晶体管发明后，1958 年，杰克·基尔比 [Jack St. Clair Kilby（1923.11.8—2005.6.20）和罗伯特·诺伊斯 [Robert Noyce（1927.12.12—1990.6.3）发明了集成电路（Integrated Circuit，IC），如图 3-6 所示。封装好的集成电路产品就是我们现在常说的"芯片"。罗伯特·诺伊斯另一个广为人知的角色是两个公司的联合创办人——1957 年的仙童半导体公司（Fairchild Semiconductor）和 1968 年的英特尔公司（Intel Corporation）。

由于现在所用的绝大多数电子器件是用硅半导体制造的，硅半导体是固体，所以现代的电子学又被称为固体电子学。用固体器件代替真空器件，实现了两个重要突破——体积小和功耗小。这两个突破实现了电子产品的小型化和家用化，个人计算机（Personal Computer，PC）和手机才能成为我们日常的普通消费品。若想真正理解半导体器件的工作，我们需要对电路和电路的基本器件有所了解。

图 3-5　第一代真空管通用计算机（ENIAC）

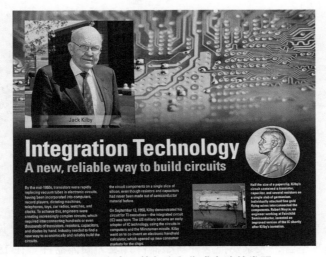

图 3-6　杰克·基尔比和集成电路的发明

参 考 文 献

1 Appleyard, R. (1927). Pioneers of electrical communication-Heinrich Rudolph Hertz-V. *International Standard Electric Corporation* 63–77.

2 Marconi, G. (1926). Looking back over thirty years of radio. *Radio Broadcast Magazine*, Doubleday, Page, and Co., New York, Vol. 10, No. 1, (November 1926), p. 31.

第 4 章

电路的基本知识

这一章，我们将对电路及其元件，电场和磁场做简单的介绍。

4.1 电路及其元件

一个电路通常包括一个电源（也被称为功率源），像电池、市电等；一个负载，例如手机、电灯等；一个循环的导线，将电源和负载连接起来，这个导线可以是我们常见的电线，也可以是电路板上的铜布线；一个开关，用来接通或切断电源和负载的连接。图 4-1 就是一个典型的电路图。在一个电路中，电源可以是直流（DC），也可以是交流（AC）。直流电源的频率是零，电池就是直流电源；交流电源的频率不是零，市电就是交流电源。如果电源是直流的，这个电路就是直流电路；如果电源是交流的，这个电路就是交流电路。图 4-2 就是直流电源和交流电源的符号。直流电源的长线是正极"+"（电压高的一端），短线是负极"-"（电压低的一端），这个电压差推动电流在电路中流动，驱动负载。一开始，人们认为电流是正电荷产生的，所以电流是从正极流向负极；后来科学家发现电流大部分的情况下是由电子流动产生的，电子的流动方向是从负极到正极。但从尊重历史的角度考虑，我们现在仍然说电流是从正极流向负极。交流电的电压是随着时间高低起伏变化的，所以在交流电源中就不标识正负极。图 4-3 是直流电源和交流电源的区别。交流电是以波的形式传递。在该图中还标出了波

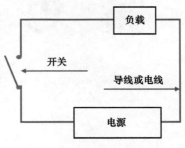

图 4-1　一个简单的电路图

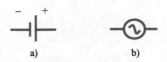

图 4-2　直流电源（图 a）和交流电源（图 b）

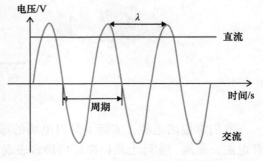

图 4-3　直流电源和交流电源的区别

的两个参数，周期和波长（λ），在实际应用中，周期通常是用"T"表示的[见式（2-2）]。直流电路中，电压不随时间改变，电流沿着一个方向流动；在交流电路中，电压随时间改变，正负极周期性地交替变化，电流的流动方向也随时间周期性地改变。在直流电路中，只要考虑电阻就可以了（见图1-4）。在交流电路中，除了电阻外，另外两个元件也需要考虑进去，它们是电容和电感。电阻、电容和电感是组成电路的最基本的元件，它们是无源元件（passive component）。与此对应的还有有源元件（active component），我们会在后面讨论。图4-4是电容外形及其图形符号，图4-5是电感外形及其图形符号。如式（1-1）所示，我们用"R"表示电阻，而电容是用"C"来表示，电感是用"L"来表示。电阻是功率损耗元件，电容和电感是功率储存元件，电容储存电场能量而电感储存磁场能量。

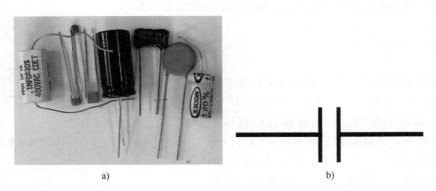

图 4-4　电容外形（图 a）及其图形符号（图 b）

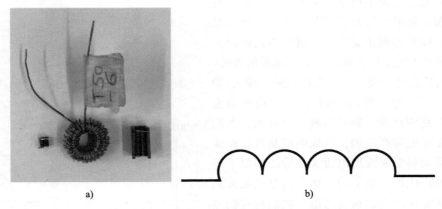

图 4-5　电感外形（图 a）和图形符号（图 b）

我们常说的电能，实际上是以电场的形式表现出来，所以说电容储存电场能量，就是储存电能。磁能，实际上是以磁场的形式表现出来，所以说电感储存磁场能量，就是储存磁能。电容的单位是法拉，符号是 F，以纪念法拉第（第 2 章），他的最大贡献是发现了电磁感应定律——磁通量的变化能产生电动势，这个定律可以简单地演示为一个闭合的导线做切割磁力线运动时，就能在导线中产生电流，这就是现代发电机的工作原理。电容的结构是，两个互相靠近的导体，中间夹一层不导电的绝缘体。电容的定义是：

$$C = \frac{Q}{V} \tag{4-1}$$

电感的单位是亨利，符号是 H，以纪念美国科学家约瑟夫·亨利 [Joseph Henry（1797.12.17—1878.5.13）]。电感的结构就是一个线圈，电流通过线圈就能产生磁场。电感的定义是：

$$L = \frac{\Phi}{I} \tag{4-2}$$

电容公式（4-1）中的 V 是电压，Q 是电荷，电荷的单位是库仑，符号是 C，以纪念法国科学家查理·奥古斯丁·库仑 [Charles-Augustin de Coulomb（1736.6.14—1806.8.23）]。电感公式（4-2）中的 I 是电流，Φ 是磁通量，磁通量的单位是韦伯，符号是 Wb，以纪念德国物理学家威廉·爱德华·韦伯 [Wilhelm Eduard Weber（1804.10.24—1891.6.23）]。

要想进一步了解电容和电感是如何工作的，我们需要简单介绍电场和磁场。

4.2　电场

一个带电粒子会通过不接触对另一个带电粒子产生作用力，这种力是通过我们所说的电场产生作用的。我们常说的带电粒子的异性相吸、同性相斥的现象就是电场作用力的表现。类似地，磁的作用力是通过磁场来进行的，电场和磁场组合在一起，就是电磁场。在数学上，一个变量如果只是数量上的大小，而没有方向上的变化，就被称之为标量，质量就是标量。若这个变量不但有数量上的大小，也有方向上的变化，就被称之为矢量。由于电场既有数量上的大小，又有方向上的变化，所以电场是矢量场；同样地，磁场也是矢量场。

库仑定律就是描述两个静止带电粒子相互间作用的定律。如果这两个粒子所带的电量分别是 q_1 和 q_2，之间的距离是 d，那么它们之间的相互作用力 F 是：

$$F = \frac{1}{4\pi\varepsilon_o} \frac{q_1 q_2}{d^2} \tag{4-3}$$

式中，力 F 的单位是牛顿，符号是 N，以纪念经典力学的创始人——英国科学家艾萨克·牛顿 [Isaac Newton（1642—1727）]；电荷的单位是库仑（C）；距离的单位是米（m）；ε_o 是真空介电常数，也称为绝对介电常数，其单位是法拉 / 米（F/m）。式（4-3）的力被称之为库仑力或静电力。带电粒子可带正电，也可带负电，如我们刚才所说，异性相吸，同性相斥，这就是为什么原子核能吸引住电子，因为原子核中的质子带正电而电子带负电。原子中的这个吸引力可被理解为静电力。

为了处理问题方便，我们在式（4-3）中除以 q_2，留下的表达式只取决于一个电荷，如果我们去掉这个电荷的数字，并按数学的习惯，用 x 代替式中的 d，那么我们就能得到电场 E 的表达式：

$$E = \frac{1}{4\pi\varepsilon_\circ} \frac{q}{x^2}$$ （4-4）

我们现在将一个电容接在一个直流电源上，如图 4-6 所示。在该电路中，电源的正极驱动正电荷到达电容的正极板，电源的负极驱动负电荷到达电容的负极板。真实情况是电子被电源的负极驱动到电容的负极板，使另一个极板由于缺乏电子而变正。这样，一个由电容正极板指向负极板的电场就建立了起来，直到电容两个电极之间的电压和电源的电压相等，电场才能稳定。电场和电压之间的关系是：

$$E = \frac{V}{d}$$ （4-5）

式中，V 是电压；d 是电容两个电极板之间的距离，见图 4-7。在直流电源下，没有电流通过电容，直到电源的电压很高，使得两个极板之间发生击穿，才会有电流通过，雷雨天的闪电就是这样产生的。我们可以想象，当所接的是交流电源时，由于电源的极性发生周期性的变化，使得电子在所连的导线中来回流动，就好像有电流通过电容，电源的频率越高，这种电流的流通性越强，麦克斯韦把这种电流叫做位移电流。位移电流的本质是变化的电场，可以存在于导体、电介质和真空中。与此相对应的是传导电流，就是我们常说的电流，只能在导体中流动。随着电源的频率越高，电容的导通性就越强。也就是，低频下，电容是开路（电路断开）；高频下，电容是短路（电路接通）。

从以上讨论可以得知，电容是和电场相对应的元件，电场能量储存在两个极板之间。

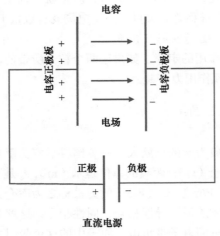

图 4-6　接在一个直流电源上的电容

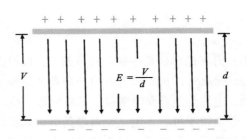

图 4-7　电场和电压之间的关系

4.3　磁场

　　磁场是电流的流动产生的，它是矢量场。我们在日常生活中能时刻感受到磁场的存在，指南针永远指向地球的南北极，这是因为地球有磁场，而指南针是由磁性材料制成。一个吸铁石能够吸引铁，而且吸铁石有两个极——南极和北极。和电荷类似，同性极相斥，异性极相吸。由于电流是带电电荷运动产生的，所以磁场本质上是由电荷的运动产生的。一根导线流过电流能产生磁场，一个带电基本粒子（例如电子）的自旋也能产生磁场，吸铁石的磁场就是这样产生的。由于吸铁石一直自带磁场，在学术领域这类的材料被称之为永磁体。我们用细微的铁颗粒能显示吸铁石的磁力线，如图 4-8 所示，图中"N"是北极，"S"是南极。通过导线的电流所产生的磁场是遵守右手螺旋规则的，就是伸出右手，拇指指向电流方向，其余四指旋转方向就是磁场方向。请看图 4-9，这里的电流方向是从正极指向负极，即正电荷流动方向。右手螺旋规则在我们日常生活中也被常常使用，例如水龙头的阀门，就是按照右手螺旋规则设计的。一个有电流通过的导体线圈也能产生磁场，如图 4-10 所示。图 4-10 中的 B 是指磁场，磁场强度的单位是特斯拉，符号是 T，以纪念美籍塞尔维亚科学家尼古拉·特斯拉 [Nikola Tesla（1856.7.10—1943.1.7）]。

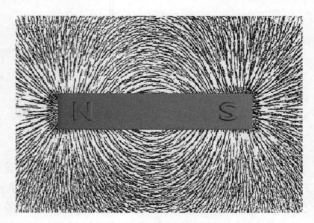

图 4-8　吸铁石的磁力线

　　当连接到一个交流电源时，流过线圈的电流发生改变，由电流产生的磁场也会发生改变，这个变化的磁场会产生感应电流。感应电流所产生的磁场总是阻碍产生感应电流的那个初始磁场的磁通量变化，这就是楞次定律，以发现该定律的俄国物理学家海因里希·楞次 [Heinrich Friedrich Emil Lenz

图 4-9　电流产生磁场

（1804.2.12—1865.2.10）] 的名字命名。随着电源频率的提高，这种阻碍性也会提高。也就是，低频下，电感是短路（电路接通）；高频下，电感是开路（电路断开）。电感是和磁场相对应的元件，磁场能量储存在线圈中。

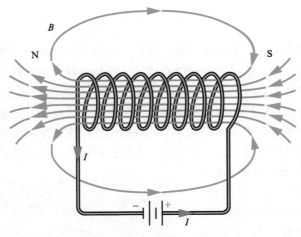

图 4-10   带电的线圈产生的磁场

4.4   交流电

特斯拉最重要的贡献是发明了交流电技术，这也是当时他和美国伟大的发明家爱迪生 [Thomas Edison（1847.2.11—1931.10.18）] 的主要争论点，爱迪生推广直流电，而特斯拉提倡交流电。为了了解这个争论，让我们先说一下电流的功率。功率是用 P 来表示的，它的定义就是单位时间的能量，其单位是瓦特，符号是 W，以纪念英国科学家詹姆斯·瓦特 [James Watt（1736.1.19—1819.8.19）]，他发明的蒸汽机开启了工业革命。功率单位和能量单位的关系是：

$$W = \frac{J}{s} \tag{4-6}$$

式中，"s" 是时间（s）。从功率的定义和欧姆定律，我们可以得到以下的公式：

$$P = \frac{E}{t} = IV = I^2R = \frac{V^2}{R} \tag{4-7}$$

式中，P 是功率；E 是能量；t 是时间；I 是电流；V 是电压；R 是电阻。从上面的公式中可以看到，如果功率一定，电压越高，电流越小。一段电阻为 R 的导线，通过电流时会消耗功率，产生热量，所以，要想减少电线的功耗，就要减小电流。由于地理或其他条件的限制，发电厂只能建在某些地方。大部分的发电厂是生产交流电的，当一个发电厂发电后，要通过由铝线或铜线制成的输电线路将电力远距离传输到其他地方。在发电功率一定的情况下，要想进行远距离电力传输，就要设法减少输电线路的功率损耗。提高传输电压，减少传输电流，就是一个有效的手段。交流电的一个重要特性就是可以使用变压器进行变压，通过变压器可以把低电压变成高电压，也可以把高电压变成低电压。这样就可以在发电厂发电后，先用变压器提高电压进行远距离传输，到用户前，再用变压器将电压降下来。这就是交流电的高压线路输电技术，而当时直流电没有这个技术，所以在直流和交流之争中，特斯拉战胜了爱迪生，交流电取得了胜利。图 4-11 就是高压输电技术示意图。

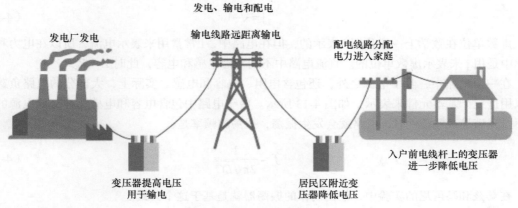

图 4-11　电力从发电厂到住户

变压器对交流电的远距离传输是如此重要，它就是由导体线圈制造而成，请看图 4-12 所示的变压器示意图和实物。

图 4-12　变压器的示意图和实物

在交流电路中，欧姆定律是：

$$I = \frac{V}{Z} \tag{4-8}$$

式中，Z 是交流电路的阻抗：

$$Z = R + j(XL - XC) \qquad (4\text{-}9)$$

式中，R 是电阻；XL 是感抗，是对应于电感的；XC 是容抗，是对应于电容的；j 是虚数单位：

$$j = \sqrt{-1} \qquad (4\text{-}10)$$

虚数单位在数学上一般是用 i 表示的，但在电路中，i 常常用来表示电流，所以在电力和电子学中是用 j 来表示虚数单位的。直流电路中不用考虑电感和电容，此时 $Z = R$。

在一个电路中，除了电源之外，还包含电阻、电容和电感。实际上，大部分的电路负载都可以用这三个基本元件来表示，如图 4-13 所示。由于电路中包含电容和电感，在交流电源的作用下，当满足某些条件时，电路就会发生振荡，振荡的频率是：

$$f = \frac{1}{2\pi\sqrt{LC}} \qquad (4\text{-}11)$$

在赫兹和马可尼的实验中，他们制作的振荡器就是基于这个公式。

以上我们讨论了一些电路的基本知识，电路的元件，以及电场和磁场的基本概念。下面一章我们要深入一步讨论半导体，并介绍二极管的基本结构和初步应用。

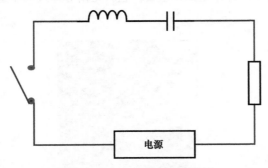

图 4-13   一个电路的典型结构

第 5 章

半导体的进一步探讨和二极管

下面我们要讨论一下实际半导体能带的基本结构、掺杂和二极管。

5.1 半导体的能带

硅是半导体工业和应用中的最主要的材料。砷化镓（GaAs）是另一种广泛使用的半导体材料，它主要用于制作光电器件。请看元素周期表图 5-1。元素周期表是由俄国科学家门捷列夫 [Dmitri Mendeleev（1834.2.8—1907.2.2）] 发明的。元素硅（Si）和第一个晶体管所用的元素锗（Ge）是在第十四组，它们都有四个价电子。砷（As）是在第十五组，有五个价电子；镓（Ga）是在第十三组，有三个价电子。所以砷化镓又被称为三五（Ⅲ-Ⅴ）族半导体材料，又由于它是化合物，有时又被称为化合物半导体材料。

组	1 Ia	2 IIa	3 IIIb	4 IVb	5 Vb	6 VIb	7 VIIb	8	9 VIII	10	11 Ib	12 IIb	13 IIIa	14 IVa	15 Va	16 VIa	17 VIIa	18 0
1s	1 H																	2 He
2s, 2p	3 Li	4 Be											5 B	6 C	7 N	8 O	9 F	10 Ne
3s, 3p	11 Na	12 Mg											13 Al	14 Si	15 P	16 S	17 Cl	18 Ar
4s 3d, 4p	19 K	20 Ca	21 Sc	22 Ti	23 V	24 Cr	25 Mn	26 Fe	27 Co	28 Ni	29 Cu	30 Zn	31 Ga	32 Ge	33 As	34 Se	35 Br	36 Kr
5s 4d, 5p	37 Rb	38 Sr	39 Y	40 Zr	41 Nb	42 Mo	43 Tc	44 Ru	45 Rh	46 Pd	47 Ag	48 Cd	49 In	50 Sn	51 Sb	52 Te	53 I	54 Xe
6s, 4f 5d, 6p	55 Cs	56 Ba	57 La *	72 Hf	73 Ta	74 W	75 Re	76 Os	77 Ir	78 Pt	79 Au	80 Hg	81 Tl	82 Pb	83 Bi	84 Po	85 At	86 Rn
7s, 5f 6d, 7p	87 Fr	88 Ra	89 Ac **	104 Rf	105 Db	106 Sg	107 Bh	108 Hs	109 Mt	110 Ds	111 Rg	112 Cn	113 (Uut)	114 (Uuq)	115 (Uup)	116 (Uuh)	117 (Uus)	118 (Uuo)

* 4f, 5d	58 Ce	59 Pr	60 Nd	61 Pm	62 Sm	63 Eu	64 Gd	65 Tb	66 Dy	67 Ho	68 Er	69 Tm	70 Yb	71 Lu
** 5f, 6d	90 Th	91 Pa	92 U	93 Np	94 Pu	95 Am	96 Cm	97 Bk	98 Cf	99 Es	100 Fm	101 Md	102 No	103 Lr

图 5-1　元素周期表

现在我们进一步讨论半导体的能带结构，图 5-2 是半导体能带的基本结构示意图，实际的能带要比这个复杂得多。一般情况下，半导体的价带是满带，不会有电流产生。如果电子吸收了足够的能量，这个能量可能来自于光子，也可能来自于热能，一些靠价带顶层的电子就会跃迁到导带的底层，这些带负电的电子在电场（电压）的推动下，就会在导带中流动，从而产生电流，而留在价带顶部带正电的空穴也会在价带中流动，对电流产生贡献。在这种情况下，电子和空穴又被称为载流子。

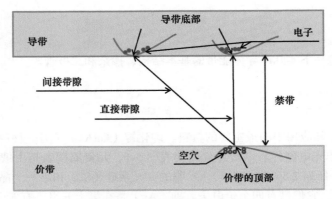

图 5-2   半导体能带结构示意图

在第 2 章引入了迁移率 μ，第 4 章引入了电场 E，而这里引入了载流子，让我们对迁移率做个完整的解释。在上一章中，我们了解到，电压是和电场相关联的，我们说电压驱动电荷并产生运动（第 2 章），实际上这种驱动力来自于电场。载流子在电场的作用下，在半导体中运动。迁移率是指载流子的迁移率，包含电子和空穴。载流子在半导体中的平均速度，被称之为漂移速度 v_d，那么迁移率的定义就是：

$$v_d = \mu E \qquad\qquad (5-1)$$

迁移率的单位是 $cm^2/(V \cdot s)$，此处的 V 是电压，s 是秒。通过迁移率，我们建立起了载流子漂移速度和电场之间的关系。大部分的情况下，半导体中的电子迁移率大于空穴迁移率，例如在硅中，电子迁移率是 $1500cm^2/(V \cdot s)$，空穴是 $450cm^2/(V \cdot s)$[1]。这说明了，在电场的作用下，电子可以获得比空穴快的漂移速度。

如果电子直上直下地从价带跳到导带，这样的半导体就是直接带隙半导体，否则的话，就是间接带隙半导体。请看图 5-2。当有光照射到半导体表面时，直接带隙中的电子直接和光子发生关系，光电的转换效率高；而间接带隙中的电子，除了和光子作用外，还和材料的晶格发生热交换，损失部分能量，光电的转换效率低。图 5-3 是锗、硅和砷化镓能带图。从图中可以明显看出，锗和硅是间接带隙，而砷化镓是直接带隙。这就是为什么砷化镓被广泛地用于光电器件的制造。另外，我们从该图中也能看出，真正的能带要比图 5-2 的简图所描绘的复杂得多，里面还包含许多次一级的能带。

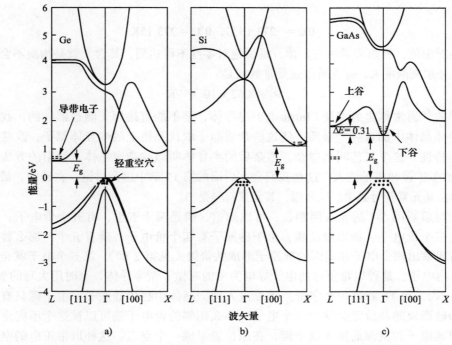

图 5-3　锗（Ge）、硅（Si）和砷化镓（GaAs）能带图 [1]

5.2　半导体掺杂

　　在大多数的情况下，纯的半导体材料是不能用来制造器件的，必须进行掺杂。为了了解掺杂的原理，需要介绍一下统计物理学的基本概念和常数。统计物理学是用概率统计的方法研究由大量微观粒子组成的宏观物体物理性质及规律的物理学分支。经典统计物理学是由麦克斯韦和玻尔兹曼发展的，麦克斯韦就是提出电磁波方程组的那位物理学家。玻尔兹曼 [Ludwig Edward Boltzmann（1844.2.20—1906.9.5）] 是奥地利物理学家，在麦克斯韦工作的基础上，他提出了著名的玻尔兹曼方程，被广泛应用于热力学、统计力学等许多领域，由于他对经典统计物理学的重要贡献，所以热力学中的一个重要常数就是以他的名字命名——玻尔兹曼常数，符号是 k_B。量子力学诞生后，根据微观粒子的性质不同，出现了两个统计理论：一个是费米－狄拉克统计；一个是玻色－爱因斯坦统计。遵守费米－狄拉克统计的微观粒子叫做费米子，遵守玻色－爱因斯坦统计的微观粒子叫做玻色子。另一个需要了解的物理量是绝对温度，也叫开尔文温度，符号是 K，以纪念英国科学家、第一代开尔文男爵威廉·汤姆森 [William Thomson, 1st Baron Kelvin（1824.6.26—1907.12.17）]。我们日常用的温度单位是摄氏度，符号是℃，以纪念瑞典天文学家安德斯·摄尔修斯 [Anders Celsius（1701.11.27—1744.4.25）]。它是将一个标准大气压（1atm=101.325kPa）下的水的沸点定为 100℃，冰点定为 0℃，两者间均分成 100 个刻度。而在绝对温度体系中，当物质停止振动时，绝对温度是零，即 0K。绝对温度和摄氏度的关系如下：

$$0K = -273.15℃，0℃ = 273.15K \tag{5-2}$$

关于绝对温度，有热力学第三定律，是说绝对零度不可达到，其含义就是物质不会停止运动。知道了开尔文温度K，那么玻尔兹曼常数就是：

$$k_B = 8.62 \times 10^{-5} eV/K \tag{5-3}$$

纯半导体，通常称之为本征（Intrinsic）半导体，是不能直接用于制造器件的，我们会有意地在半导体晶体中加入一些杂质，使这些杂质原子取代晶格上的半导体原子，改变电阻率和一些其他特性。这个工艺叫做掺杂，掺杂后的半导体叫做掺杂半导体。常用的方法有高温（900~1200℃）扩散和离子注入，这些我们会在后面的第17章中进行讨论。在硅中，最常用的掺杂源是磷，其元素符号是P，以及硼，其元素符号是B。

让我们再看看图5-1的元素周期表，可以知道，磷是第十五组，有五个价电子；硼是第十三组，有三个价电子。如果掺杂磷，由于硅原子有四个价电子，磷有五个，那么替代硅的磷原子只需要拿出四个电子和周围的硅原子形成共价键（见第2章），第五个电子就会脱离束缚，成为自由电子。这种以带负电的电子导电为主的叫做n型半导体，有时用大写的N，n是英文"negative（负）"的第一个字母。当硼进入到硅晶体中替代硅原子，由于硼只有三个价电子，它和硅形成的共价键会缺少一个电子，那么相邻的价电子就可以被这个不完全的共价键吸引，脱离原子的束缚而加入这个键，在原位置形成一个空穴。这种以带正电的空穴导电为主的叫做p型半导体，有时用大写的P，p是英文"positive（正）"的第一个字母。由于磷在硅中是提供电子，所以它被称为施主（donor）杂质；而硼是接受电子，所以它被称为受主（acceptor）杂质。请看图5-4。

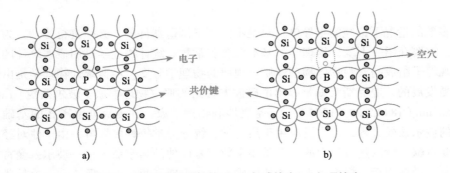

图5-4　硅晶格二维结构图：a）磷掺杂；b）硼掺杂

现在让我们讨论一下掺杂之后硅的能带图，如图5-5所示。为了看懂此图，我们要引入一个重要的概念——费米能。费米能是在固体物理学中的一个能量概念，并以此纪念美籍意大利物理学家费米 [Enrico Fermi（1901.9.29—1954.11.28）]。在半导体中，它被用来描述电子或空穴的能级，并可以通过电（荷）中性条件来确定，所以更普遍的叫法是费米能级，符号是 E_f。在图5-5的能带示意图中，"E_c"是导带底能量；"E_v"是价带顶能量；"E_g"是禁带宽度。在本征半导体中，电子和空穴数量是相等的，它们被称为电子－空穴对，费米能级基本上位于禁带的中央，用 E_i 表示；在 n 型半导体中，E_D 表示施主掺杂的电离能，电子的数量多于空穴，费米能级靠近导带底部，掺杂浓度越高，费米能级越靠近导带底部；在 p 型半导体中，E_A 表示受主掺杂的电离能，空穴的数量多于电子，费米能级靠近价带顶部，掺杂浓度越高，费米能级越靠近价带顶部。图 5-6 就是一些杂质在锗、硅和砷化镓中的电离能级分布。从图中我们可以看到，在硅中，磷的电离能是 0.046eV，硼的是 0.044eV。掺杂半导体又称之为非本征（extrinsic）半导体 [2]。

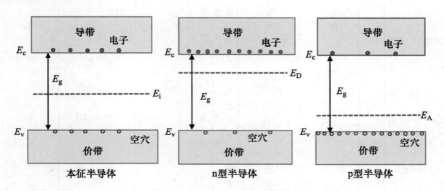

图 5-5 本征、n 型和 p 型半导体能带示意图

为了进一步了解本征和非本征硅的特性，我们要简单地介绍一下电子和空穴在硅晶体中的分布。电子是费米子，遵守费米－狄拉克统计分布，空穴也遵守这个分布。用 n_i 来表示本征载流子浓度，n 表示 n 型硅中的电子浓度，p 表示 p 型硅中的空穴浓度。通过求解费米－狄拉克统计分布，可以得到本征材料和 n 型材料中的载流子浓度，如下面的两个公式所示。p 型材料的空穴浓度公式和 n 型相似 [1]：

$$n_i = (N_C N_V)^{1/2} e^{-E_g/2k_B T} \tag{5-4}$$

$$n \approx \frac{1}{\sqrt{2}} (N_D N_C)^{1/2} e^{-(E_C - E_D)/2k_B T} \tag{5-5}$$

式中，N_C 是在导带中的有效状态密度；N_V 是在价带中的有效状态密度；N_D 是施主杂质浓度；E_g 是禁带宽度；E_D 是施主电离能级；$e \approx 2.72$ 是自然常数，有时叫做欧拉数，以纪念瑞士数学家欧拉 [Leonhard Euler（1707.4.15—1783.9.18）]。

有时式（5-4）也写成下式，式（5-5）也可以写成类似的形式：

$$n_i = (N_C N_V)^{1/2} \exp(-E_g / 2k_B T) \tag{5-6}$$

图 5-7 是本征浓度和温度的关系曲线。从这个图中，我们可以看到：在室温下，小的禁带宽度具有高的本征载流子浓度。假设掺杂浓度是 $10^{15}\mathrm{cm}^{-3}$，对于锗而言，在温度稍微高于 100℃ 时，其本征浓度就可以达到这个值，硅要到 300℃ 左右，而砷化镓要到 500℃ 左右才能满足这个要求。在非本征半导体中，当本征浓度等于掺杂浓度时，器件就不能正常工作，这个温度就是工作温度。但由于其他材料的限制，在大部分的情况下，器件的工作温度要低于 300℃。

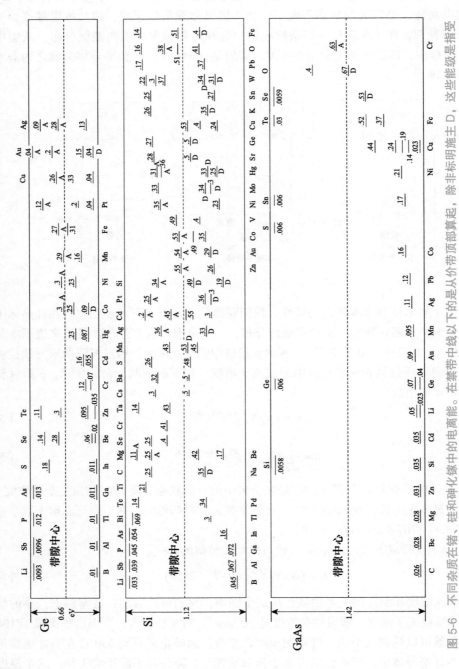

图 5-6　不同杂质在锗、硅和砷化镓中的电离能。在禁带中线以下的是从价带顶部算起，除非标明施主 D，这些能级是指受主主能级。在禁带中线以上的是从导带底部算起，除非标明受主 A，这些能级是指施主能级[1]

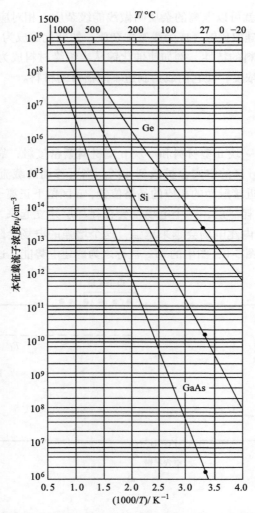

图 5-7　锗、硅和砷化镓的本征载流子浓度和温度倒数的关系，图中标出了室温作为参考[1]

我们一般假设室温是 $T = 27℃ \approx 300K$，利用玻尔兹曼常数 [见式（5-3）]，我们可以得到：
$$k_BT = 8.62 \times 10^{-5} \times 300eV = 0.02586eV \approx 0.026eV \qquad （5-7）$$

根据麦克斯韦 – 玻尔兹曼统计学理论，微观粒子的平均能量是（3/2）k_BT。所以，简单考虑，我们可以认为施主杂质中的电子在室温下可以获得 0.026eV 的热能，在固体中，热能主要来源于晶格振动。

以磷为例，在式（5-5）中代入 0.046 和式（5-7），可以得到：
$$e^{-(E_C-E_D)/2k_BT} = 2.72^{-0.046/(2\times0.026)} \approx 0.41 \qquad （5-8）$$

在数学上，"="是等于，"≈"是约等于。这说明，在室温下，我们可以简单地理解为有百分之四十多的磷掺杂，其多余的电子被晶格的热振动激活，电离进入导带成为自由电子。硼的情况类似。这种在室温下就可以电离的杂质叫做浅能级杂质，相对应的有深能级杂质。在砷化镓中，我们一般掺杂硅，硅取代镓，成为浅施主杂质，使砷化镓成为 n 型半导体。在半导体中，这些掺杂极大地改变了材料的特性，例如使砷化镓从半绝缘材料成为真正的半导体材料。根据需要，我们可以改变掺杂浓度，使它们成为制造不同器件的材料。

5.3 半导体二极管

以硅半导体为例，当一块 n 型材料和一块 p 型材料紧密接触，靠近接触面，n 区的电子会扩散到 p 区，与此同时，p 区的空穴会扩散到 n 区。当可移动的载流子电荷扩散之后，不可移动的带电离子就会留在靠近接触面的相应的晶格位置，n 区留下正离子，p 区留下负离子。这个缺乏载流子的区域被称为耗尽层，一个电场就会在耗尽层建立起来，这个电场叫做内建电场。随着更多载流子的扩散，内建电场会越来越强，这个增强的电场会阻止载流子的进一步扩散，最后达到动态平衡。请看图 5-8，图中的 qV_{bi} 被称之为内建电势能，这个耗尽层就是 p-n 结。

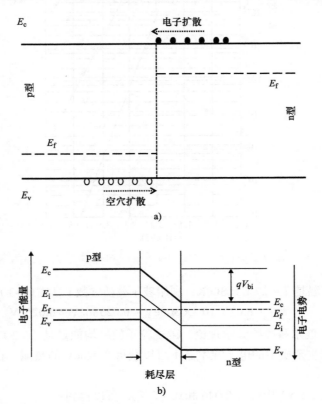

图 5-8 p-n 结能带结构示意图：a）在 p 型和 n 型材料接触面的附近，电子从 n 区扩散到 p 区，空穴从 p 区扩散到 n 区；b）最后，p 型材料和 n 型材料的费米能级相等，耗尽层和内建电势被建立

在 p-n 结的建立过程中，由于电子和空穴互相扩散，使得 n 型半导体的费米能级和 p 型半导

体的费米能级最终趋于一致，建立起内建电势。为了方便，图中用 E_f 来表示 n 区和 p 区的费米能级。扩散区电势能就是一个电荷在电场某一点所具有的能量，和电场的引入类似，电势就是用电势能除以电荷，两点之间的电压就是这两点之间的电势之差，简而言之，电势差就是电压。耗尽层电势能的建立，会对载流子的扩散产生阻碍，被称为势垒。p-n 结对于我们理解现代电子学和半导体器件及集成电路都有至关重要的作用，在 p-n 结的两端制作金属电极（金属－半导体接触），并且封装，就是我们所说的二极管。金属－半导体接触我们会在后面第 6 章中讨论。

在 p-n 结中，还存在着另一类的电荷运动，叫做电荷漂移。靠近耗尽层，在 p 区会有少量电子被内建电场吸引，从 p 区漂移到 n 区；反之，在 n 区会有少量空穴被内建电场吸引，从 n 区漂移到 p 区。如果二极管不接电池，所有的载流子运动达到动态平衡，p-n 结中没有电流流过。当二极管接上一个电池后，有两种情形：

1）电池的正极接 p 区，负极接 n 区。在此情景下，外加电池的电场和内建电场方向相反，内建电场被减弱，耗尽层变薄，载流子的扩散不会被内建电场抵消，在 p-n 结会有扩散载流子流过，此时的二极管就有电流流过，如图 5-9a 所示，这叫正向电压。

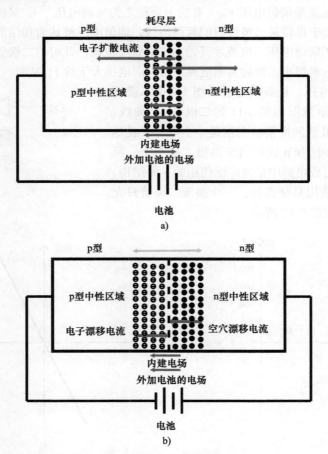

图 5-9　二极管结构简图：正向电压（图 a）和反向电压（图 b）

2）电池的正极接 n 区，负极接 p 区。在此情景下，外加电池的电场和内建电场方向相同，内建电场被加强，耗尽层变厚，在 p-n 结不会有扩散载流子流过，只有少量的漂移载流子流过，此时的二极管只有少量的电流流过，如图 5-9b 所示，这叫反向电压。

我们常常提到的载流子，还分多数载流子，简称为多子，以及少数载流子，简称为少子。在 n 型半导体中，电子是多子，空穴是少子；在 p 型半导体中，空穴是多子，电子是少子。若假设电池的电压是 V，那么在情形 1）下，电势能就变成 $q(V_{bi} - V)$，势垒变低，扩散电流增加，二极管导通，这叫做二极管加正向电压，正向电压有时又称之为正向偏压，电流称之为正向电流。在情形 2）下，电势能就变成 $q(V_{bi} + V)$，势垒增高，没有扩散电流，只有很小的漂移电流，这叫做二极管加反向电压，反向电压有时又称之为反向偏压，电流称之为反向漏电流。图 5-10 是二极管的图形符号和实物。从我们的讨论中得知，二极管是单向导通的，所以二极管的符号是个箭头的形式，表明电流在二极管中单向导通，从正极到达负极。这是和电阻完全不同的，电阻是双向导通的。图 5-11 是二极管和电阻的电流和电压的关系曲线，常称之为 I-V 曲线。其中二极管曲线是从一个实际硅二极管产品测得的，当正向电压大于约 0.6V 时，正向电流开始增加，这个电压就是阈值电压 V_{Th}（有的书籍称之为失调电压[2]）。锗的 V_{Th} 是 0.3V，肖特基的 V_{Th} 是 0.2V，关于肖特基二极管我们后面再谈。阈值电压被认为和结的势垒相关，只有外加电池的电压超过了阈值电压，电流才开始在二极管中流动，此时的二极管被称为导通。和正向电流相比，反向电流很小，被称为漏电流。当反向电压大于约 115V 时，反向电流急剧增加，这个电压就是击穿电压。让我们再看看图 5-9 中二极管的反向偏压耗尽层示意图和图 5-11 的二极管 I-V 曲线，从中可以看到，二极管的反偏状态就是一个电容，耗尽层就相当于介质，p 区和 n 区相当于电极。事实上，反偏二极管电容，在集成电路中是被广泛使用的一种结构。二极管的一个重要应用是整流器，一个整流二极管只允许电流单向导通，如图 5-12 所示。

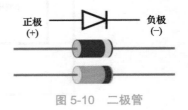

图 5-10 二极管

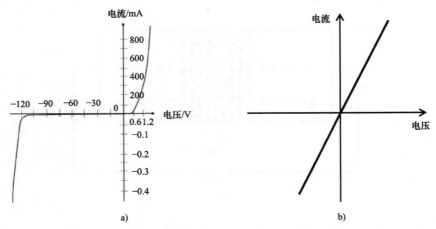

a)   b)

图 5-11 二极管的 I-V 曲线（图 a）[3] 和电阻的 I-V 曲线（图 b）

图 5-12　在整流二极管之前和之后的 *I-V* 曲线

参 考 文 献

1 Sze, S.M. *Physics of Semiconductor Devices*, 2e, p. 849, p. 13, pp. 19–25.
2 Streetman, B.G. *Solid State Electronic Devices*, 4e, p. 66, p. 202.
3 模拟电子技术基础(上册), 童诗白主编, 人民教育出版社, 1980, 21页。

第 6 章

晶体管和集成电路

在第 5 章，我们介绍了半导体二极管。二极管有个问题，就是它没有放大功能。在二极管的基础上，半导体晶体管被发明，晶体管的一个重要特性，就是它具有放大功能，可以取代真空管。在晶体管的基础上，集成电路（IC）被发明，人类从此进入到芯片时代。

晶体管有不同的形式，有双极型晶体管、结型场效应晶体管和金属－氧化物－半导体场效应晶体管（MOSFET）。

6.1 双极型晶体管

最早发明的晶体管就是双极型晶体管，它是将两个 p-n 结结合在一起而制作的。这种晶体管有两种结构：一种是 n-p-n（N-P-N）结构；另一种是 p-n-p（P-N-P）结构。请看图 6-1，该图是晶体管的结构示意图和相应的图形符号。双极型晶体管有三个终端，分别是发射极、集电极和基极。I_E 是发射极电流，I_C 是集电极电流，I_B 是基极电流。在这种晶体管中，两种载流子——电子和空穴都参与了导电，所以它们又称为双极型晶体管，或双极结型晶体管。我们以 n-p-n 型晶体管为例，图 6-2 是该晶体管在电路使用中的基本电路图。在这个电路中，发射极提供电子，是载流子的主要提供源。为了使载流子运动，B 和 E 结之间需加正向偏压。在晶体管的制作过程中，基区的掺杂浓度远低于发射区和收集区，这种情况叫做轻掺杂，所以基区的空穴电流要远小于发射区和收集区的电子电流，在 B 和 C 结加反偏电压，来收集从基区流过来的电子 [1]。在此图中，V_i 是输入信号电压，V_o 是输出信号电压，E_B 用于控制基区和发射区之间的结，E_C 用于收集从发射区流出的电子。小的 V_i，使小的电流 i_b 产生变化，从而带来大的电流 i_c 的变化，最

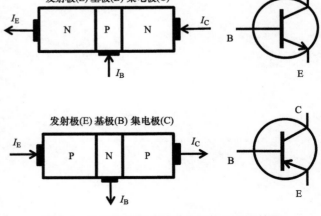

图 6-1 双极型晶体管的基本结构和图形符号

后给出大的输出电压 V_o。这就是晶体管的放大过程。图 6-3 是 n-p-n 双极型晶体管的 I-V 曲线，它可以作为放大器或者开关使用。如果工作在放大状态，它就是放大器；如果工作在饱和状态，就是开关连通，这是因为此时的管子处于大电流、小电压状态；如果工作在截止状态，就是开关断开，这是因为此时的管子处于大电压、小电流状态。

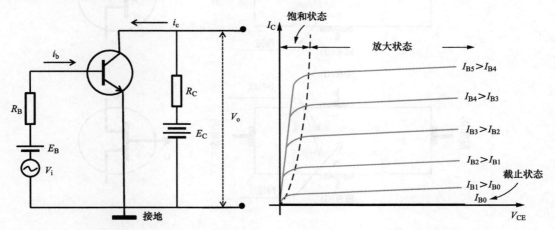

图 6-2　n-p-n 双极型晶体管基本电路图[1]　　　　图 6-3　n-p-n 双极型晶体管的 I-V 曲线

6.2　结型场效应晶体管

另一种类型的晶体管是场效应晶体管（FET），在这种晶体管中，主要有三种形式：结型场效应晶体管（JFET）、金属－半导体场效应晶体管（MESFET）和金属－绝缘层－半导体场效应晶体管（MISFET）。这些场效应晶体管都是单极型晶体管，因为它们的电流只是由多数载流子流动产生，多子可以是电子，也可以是空穴。这一节我们介绍 JFET，图 6-4 是 JFET 结构示意图和图形符号。JFET 有两种：一种是载流子为电子，另一种是载流子是空穴。这种晶体管也有三个终端，分别是漏极、源极和栅极。图 6-4 中的上图是电子导通，称为 N 沟道；下图是空穴导通，称为 P 沟道。另外，沟道的宽窄是由 P-N 结反向偏压变化来控制，请参考图 5-9b，所以这种管子被称为 JFET。下面我们用 N 沟道 JFET 来讨论。

当将一个 N 沟道 JFET 与一个可调电压的电池相连接时，电池的负极接栅极，正极接漏极和源极（$V_{DS} = 0$），请看图 6-5。若栅源电压 $V_{GS} = 0$，则沟道是图 6-5a，此时的沟道最宽，能通过最大的电流。图 6-5b 显示，当反向电压增加时，$V_{GS} < 0$，由于耗尽层变宽，沟道变窄，能通过的电流就会变小。继续增加反向电压，最终两个耗尽层接触到一起，如图 6-5c 所示，这时电流沟道被夹断，就不会有电流流过器件，此时，$V_{GS} = V_P$ 被称为夹断电压。电池必须要按如图 6-5 所示的 P-N 结反向偏压方式来连接，不能按正向偏压方式来连接，这样的话，P-N 结导通，会有电流流过两端的 P-N 结，不能对中间的电流沟道进行调整。图中电池上画个箭头表示可调电压电池。

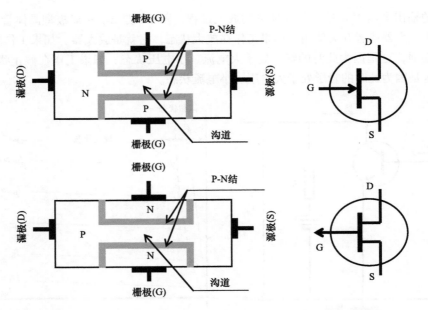

图 6-4   JFET 结构和图形符号，上图是 N 沟道，下图是 P 沟道

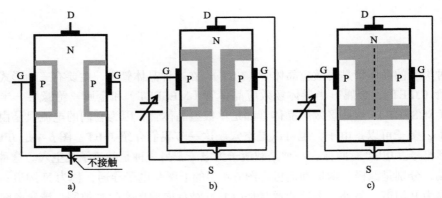

图 6-5   JFET 的 P-N 结随 V_{GS} 的变化：a）$V_{GS} = 0$，沟道最宽；b）$V_{GS} < 0$，沟道变窄；
c）$V_{GS} = V_P$，沟道夹断 [1]

若把电池移到漏极和源极，漏极接电池的正极，源极接电池的负极，如图 6-6 所示，电流沟道的变化和图 6-5 的情形类似，但有不同之处。图 6-5 中的电压分布均匀，所以沟道是均匀变化的。但在图 6-6 中，漏极电压高于源极，随着电压的升高，漏极处（图中的上部）的耗尽层先碰到一起，沟道的变化过程从图 6-6a 到图 6-6c。流过沟道的电流，一开始，随着电压的升高而增加，但当耗尽层接触在一起时，电流就不会再增加，基本上稳定在一个值，这个电流值就叫做饱和电流。一个典型的 N 沟道 JFET 的 $I\text{-}V$ 曲线如图 6-7 所示。图中 I_{DSS} 是栅源结偏压为零时的最大饱和电流。

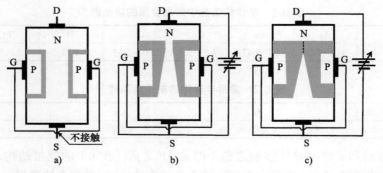

图 6-6　JFET 的 P-N 结随 V_{DS} 的变化：a）V_{DS}=0，沟道最宽；b）V_{DS}>0，
沟道不均匀地变窄；c）V_{DS}=−V_P，沟道在漏极端附近处夹断 [1]

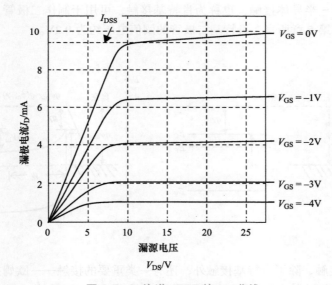

图 6-7　N 沟道 JFET 的 I-V 曲线

6.3　金属 − 半导体场效应晶体管

现在让我们看看金属 − 半导体场效应晶体管（MESFET）是如何工作的。要想明白 MES-FET，首先要了解金属 − 半导体接触。在讨论金属 − 半导体接触之前，我们要引入两个概念：功函数和电子亲和势，功函数是真空能级和费米能级之间的能量差，对金属而言，用 $q\phi_m$ 来表示，其中 ϕ_m 的单位是伏特。电子亲和势的定义是从导带底部到真空之间的能量差，用 $q\chi$ 表示，χ 的单位也是伏特 [2]。铝（Al）、金（Au）、铜（Cu）、镍（Ni）、钛（Ti）、铂（Pt）和铬（Cr）是最常用于半导体制造的金属，它们的功函数见表 6-1。最常用的半导体材料是硅（Si）、锗（Ge）和砷化镓（GaAs），它们的电子亲和势见表 6-2。

表 6-1　半导体工艺中常用金属的功函数 [3]

金属	Al	Au	Cu	Ni	Ti	Pt	Cr
功函数 /eV	4.06~4.26	5.1~5.47	4.53~5.1	5.04~5.35	4.33	5.12~5.93	4.5

表 6-2　常用半导体的电子亲和势 [2]

半导体	Si	Ge	GaAs
电子亲和势 /eV	4.05	4.0	4.07

图 6-8 是金属和 n 型半导体接触之前（图 a）和之后（图 b）的能带结构示意图。图中，qV_{bi} 是耗尽区的电势能；$q\phi_{Bn}$ 是势垒高度，其下角标中的 "B" 是势垒的意思，"n" 是 n 型；W 是耗尽层的宽度。当加一个外加电场 E 后，势垒高度会变低，这种现象叫做肖特基效应，以纪念德国物理学家肖特基 [Walter H. Schottky（1886.7.23—1976.3.4）]。这个势垒叫做肖特基势垒，如图 6-9 所示。金属 - 半导体接触，也称为肖特基接触，可用于制作二极管，这种二极管被称为肖特基二极管。如第 5 章所言，肖特基二极管的阈值电压约为 0.2V。

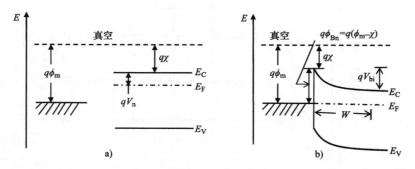

图 6-8　金属和 n 型半导体接触能带结构示意图：a）接触前；b）接触后 [2]

金属 - 半导体接触，除了肖特基接触外，还有一类重要的接触——欧姆接触。因为半导体的电阻要远大于金属导体的电阻，所以我们需要在半导体器件表面制作金属电极，将电信号引出来，在这一节的图 6-1~ 图 6-6 的器件基本结构图中，基极、栅极等电极处的短粗黑线条就代表金属电极；也需要用金属将不同的器件连接在一起，这就是集成电路的概念。在一个半导体衬底上，用金属线将不同位置的器件连接起来，我们会在后面详细讲解。在这种情形下，金属 - 半导体接触必须是欧姆接触。我们在本节中曾说，肖特基接触是二极管，它的 I-V 特性如图 5-11a 所示，而欧姆接触的 I-V 曲线应和图 5-11b 的一样。我们在此引入欧姆接触电阻 R_c，要想达到图 5-11b 的要求，在施主掺杂的情况下，这也是我们最常用的欧姆接触掺杂方式，R_c 需满足以下关系 [2]：

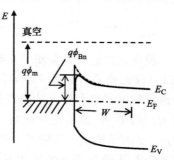

图 6-9　肖特基效应的能带示意图

$$R_c \sim \exp\left[R_{c0}\left(\frac{\phi_{Bn}}{\sqrt{N_D}} \right) \right] \qquad (6\text{-}1)$$

式中，R_{c0} 是和半导体材料相关的常数；N_D 是施主掺杂浓度；"~" 是满足关系。

从式（6-1）中可以看到，要想达到小的欧姆接触电阻，需要进行重掺杂。当 $N_D \geqslant 10^{19}\text{cm}^{-3}$ 时，就会满足欧姆接触的要求；当 $N_D \leqslant 10^{17}\text{cm}^{-3}$ 时，就完全不能满足欧姆接触的要求[2]。式中的 "$\geqslant$" 是大于等于号，"$\leqslant$" 是小于等于号，cm^{-3} 是浓度单位——每立方厘米。以 10^{19}cm^{-3} 为例，它的意思是每立方厘米有 10^{19} 个杂质。为了对掺杂浓度有个概念，我们列出主要半导体晶体材料的原子浓度做比较，单位是每立方厘米的原子数[2]：$\text{Si} = 5.0 \times 10^{22}$，$\text{Ge} = 4.42 \times 10^{22}$，$\text{GaAs} = 4.42 \times 10^{22}$。另外，该公式也显示，要满足小的欧姆接触电阻，势垒高度也要小。

肖特基接触是用于制造金属－半导体场效应晶体管（MESFET）的基本结构。图 6-10 是 MESFET 的基本结构，栅极（G）是肖特基接触，源极（S）和漏极（D）是欧姆接触。图中的绝缘衬底常常就是半绝缘的 GaAs，n^+ 是指 n 区重掺杂，相应的，p^+ 是指 p 区重掺杂。MESFET 的工作原理和 JFET 类似，随着反向偏压 V_{GS} 的增加，耗尽层的厚度增加，电流通道变薄，电流减少，一直到耗尽区的厚度占据整个通道，电流就无法流通；随着 V_{DS} 的增加，漏极的耗尽层厚度大于源极，一直到漏极的耗尽层和绝缘衬底接触，使电流进入饱和区。图 6-11 是 MESFET 的 $I\text{-}V$ 曲线，GaAs 器件和集成电路（IC）主要是由这种结构来制造的，用于器件和集成电路的 GaAs 材料主要是以 n 型材料为主。

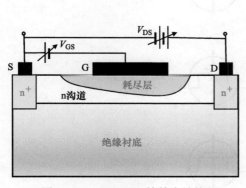

图 6-10　MESFET 的基本结构

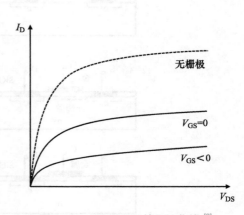

图 6-11　MESFET 的 $I\text{-}V$ 曲线[2]

6.4　金属－绝缘层－半导体场效应晶体管

现在让我们来说说金属－绝缘层－半导体场效应晶体管（MISFET）。在谈 MISFET 之前，我们来讨论一下金属－绝缘层－半导体（MIS）。图 6-12 就是 MIS 的基本结构示意图。MIS 的工作原理我们可以通过金属－半导体接触来理解，只不过，绝缘层的存在，使得金属和半导体之间的电流沟道被夹断，所以，根据不同情况，V_G 可以加不同方向的偏压来改变电流沟道的结构，此处的 V_G 就相当于图 6-12 中的加在金属电极上的电压 V。由于加在金属电极上的电压 V 所产生的电场是通过绝缘层耦合到半导体的，并在靠近绝缘层的半导体表面产生电荷，对电流沟道进行控制，所以这类器件又被称之为电荷耦合器件。若绝缘层是二氧化硅（SiO_2），SiO_2 在英文中常简写为 "Oxide"，翻译过来就是氧化层，那么 MISFET 就变成了 MOSFET。用于 MOSFET 的半导体主要是硅，它是大规模集成电路的基本结构，而计算机中的核心部件——微处理器（Microprocessor，μP）或中央处理器（Central Processing Unit，CPU）以及存储器就是大规模集成电路。由于现代中央处理器和存储器中的元器件数量是如此之大（我们后面会谈），所以我们更愿意用（甚）超大规模集成电路来称呼它们。

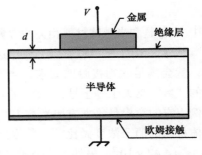

图 6-12　MIS 的基本结构[2]

如果在这种结构上制作了栅极、源极和漏极，就成了 MOSFET。共有四种不同类型的 MOSFET，如图 6-13 所示，此图从上到下我们把它们称为类型 1、类型 2、类型 3 和类型 4。

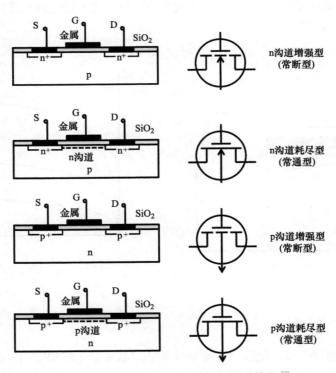

图 6-13　MOSFET 的基本结构和图形符号[2]

　　类型 1 是 n 沟道增强型，此类型是常断型器件。在该器件中，硅是 p 型，在栅极电压为零时，没有电流沟道；若在栅极加正电压，就会将电极下方的空穴驱离，吸引电子，形成 n 型导电沟道，所以叫做 n 沟道增强型。另外，栅极电压为零时，没有导电沟道，所以它是常闭型。

　　类型 2 是 n 沟道耗尽型，此类型是常通型器件。在该器件中，硅是 p 型，当栅极电压为零时，电极的下面已经存在 n 沟道，我们要在栅极上加负电压驱离电子，形成耗尽层，减少沟道的厚度，直至夹断沟道，所以叫做 n 沟道耗尽型。另外，栅极电压为零时，有导电沟道，所以它是常通型。

　　同样的，当硅是 n 型时，就会有 p 沟道增强常断型器件，这是类型 3。另一个是 p 沟道耗尽常通型器件，这是类型 4。

　　要想产生一个使 MOSFET 导通的足够的导电沟道，加到栅极上的电压必须达到一定的值，这个电压就叫做 MOSFET 的阈值电压 V_{Th}。对于 n 沟道，阈值电压是正电压；对于 p 沟道，阈值电压是负电压。如图 6-13 所示，MOSFET 有栅极（G）、源极（S）和漏极（D）。另外还有一极和衬底相连（见图 6-12），这一极可以提供参考电压来对器件的运行产生影响。栅极、源极和漏极的材料可以是金属，也可以是重掺杂的多晶硅和硅化物（$TiSi_2$），硅化物是在重掺杂多晶硅的顶层。基本的器件参数有栅长（沟道长度）L，是指两个 n^+-p 或 p^+-n 结之间的距离，以及 SiO_2 的厚度 d。另外两个参数是栅宽（沟道宽度）Z 和衬底的掺杂浓度 N_A（受主）或 N_D（施主）。

　　图 6-14 是不同 MOS 结构的能带示意图。上图是金属和 p 型半导体，下图是金属和 n 型半导体。以上图 p 型半导体为例，①当在金属电极上加负电压时，会吸引更多的空穴到达半导体表面，使得空穴在氧化层和半导体界面处积累；②当在金属电极上加零电压时，能级不会改变，能带处于平带状态；③当在金属电极上施加小正电压时，会驱赶空穴离开氧化层和半导体的界面，这是耗尽态；④当在金属电极上的正电压足够大时，电子在氧化层和半导体界面积累，使表面处半导体的类型反转，从 p 型转成 n 型，产生 n 型电流沟道，这就是上面说的类型 1 FET 的情形。下图 n 型半导体对应着上面说的类型 3 FET 的情景。能带图没有对应类型 2 和类型 4 FET 的情况。图 6-15 是增强型 MOSFET 的 I-V 曲线。

　　在 MOS 的基础上，发展出了互补 MOS，英文简写为 CMOS。CMOS 采用两个 n 型和 p 型 MOSFET，它们的运行特色是互相补充型的，例如在 n 型器件的栅极加正电压信号，那么 p 型器件的栅极就要加负电压信号，或者相反。把这两类器件对称连接，就成了 CMOS。CMOS 有两个重要特点——低功耗和容易制造逻辑门，所以它被广泛地用于计算机芯片的制造中，上面说的 MOSFET 是 CPU 和存储器的基本结构，实际上是以 CMOS 的形式出现的。为了了解逻辑门，我们需要对二进制运算做个简单的介绍。

　　在计算机中所使用的进制是二进制，而我们日常所用的是十进制，钟表用六十进制。之所以用二进制，是因为对计算机来说，二进制是最方便的运算方式。用 CMOS 构成的逻辑门，当门为导通状态，输出电压为低电位时，我们可以假设为 "0"；当门为关断状态，输出电压为高电位时，我们可以假设为 "1"。或者以相反的状态进行设置。这个数字只有 "0" "1" 两个的运算方式就是二进制运算方式。而我们最常用的十进制有十个数字：0、1、2、3、4、5、6、7、8、9，之所以用十进制，是因为人有十个手指，这是一个自然的选择。以二进制的方式运算，我们就称之为数字运算，或逻辑运算。相应的技术就是数字技术。现在我们所用的电子系统和设备，不论是大到通信系统、巨型计算机，还是小到家用计算机、手机、照相机等，基本上都是采用数字技术。二进制的运算规则被命名为布尔代数，是由英国数学家布尔 [George Boole（1815.11.12—1864.18.8）] 提出的。运用布尔代数，我们可以方便地用 CMOS 来设计基本逻辑门，它们是非门 "NOT"、与门 "AND"、或门 "OR"、与非门 "NAND"、或非门 "NOR"、异或门 "XOR" 和异或非门 "NXOR"。计算机所用的 CPU，就是由成千上万个这样的基本逻辑门所组成。由于 CMOS 组成的逻辑门只考虑开和关两个状态，所以它们的抗噪声能力强。容易实现逻辑门、低功耗和抗噪声，这三大特点使得 CMOS 技术在 IT 领域扮演着不可替代的角色。图 6-16 就是由 CMOS 构成的一个逻辑门——非门。

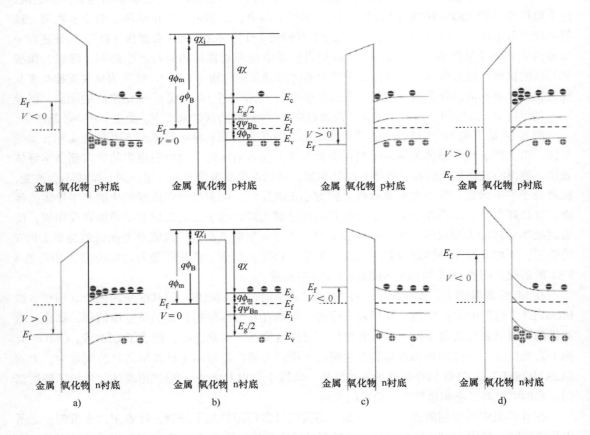

图 6-14   不同金属－氧化物－半导体（MOS）结构的能带示意图：a）$V < 0$，空穴在界面积累（上图）；$V > 0$，电子在界面积累（下图）。b）$V = 0$，能带处于平带状态。c）$V > 0$，空穴从界面驱除（上图）；$V < 0$，电子从界面驱除（下图）。d）增加 $V > 0$，n 沟道形成（上图）；增加 $V < 0$，p 沟道形成（下图）

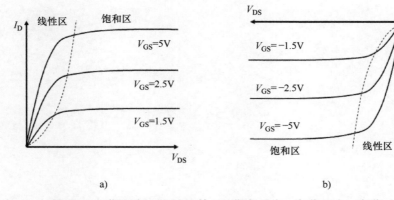

图 6-15　增强型 MOSFET 的 I-V 曲线：a）n 沟道；b）p 沟道

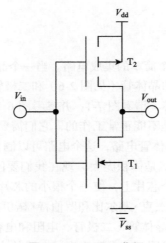

图 6-16　CMOS 非门

　　该门是由一个 n 沟道增强型 MOSFET（T_1）和一个 p 沟道增强型 MOSFET（T_2）组成。当输入 V_{in} 是低压时，T_1 关断而 T_2 导通，输出 V_{out} 是高压（接近于 V_{dd}）；当输入 V_{in} 是高压时，T_1 导通而 T_2 关断，输出 V_{out} 是低压（接近于零）。这就实现了非门功能，因为非门的功能就是输出信号和输入信号相反，所以非门又被称为反相器。

参 考 文 献

1 童诗白主编. (1980). 模拟电子技术基础(上册), 人民教育出版社, 43 页, 38 页,
64 页, 66 页。

2 Sze, S.M. *Physics of Semiconductor Devices*, 2e, p. 246, p. 850, p. 247, p. 304,
p. 305, pp. 336–339, p. 363, p. 455.

3 Lide, D.R. (2008). *CRC Handbook of Chemistry and Physics*, 12–114.

第 7 章

半导体工业的发展历程

上一章我们简单介绍了不同类型的半导体晶体管，并对集成电路进行了简单说明。这一章我们对半导体产品、工业发展史以及洁净室做一个介绍。

7.1 半导体产品及结构简介

上述的 CMOS 非门，只是一个简单的集成电路。当一个晶体管或二极管制作好之后，对它们进行封装，就成为市面上见到的晶体管（见图 2-6）和二极管（见图 5-10）。当把一个封装打开之后，我们就能看到里面的管芯，请看图 7-1，并参考图 6-1。管壳基座作为管子的集电极使用。一个单独的晶体管和二极管是不能正常工作的，它们需要和其他元器件配合，才能成为电路使用。图 6-2 就是一个简单的晶体管电路，这个电路可以制作在电路板上（见图 7-4）来实现电路功能。但电路板有个问题，就是体积庞大。现在我们要问了，能不能把晶体管、二极管、电阻和电容这些元器件制作到一个芯片上，使一个很小的芯片就能具有庞大电路板的功能？我们的回答是：能。基于这个想法，杰克·基尔比和罗伯特·诺伊斯在 1958 年发明了集成电路（见第 3 章），就是在半导体晶圆上把晶体管、二极管、电阻和电容这些元器件制作到一个芯片上，来实现电路的功能。集成电路的发明，才真正实现了电路的小体积和低功耗，开启了 IT 时代。

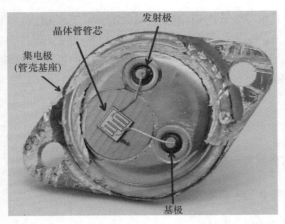

图 7-1　一个打开封装的晶体管

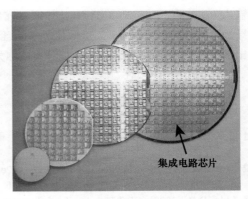

图 7-2　半导体晶圆和集成电路芯片

图 7-2 是不同尺寸的晶圆（后面介绍）和晶圆上的集成电路芯片。图 7-3 是一个封装好的 CPU 产品和打开外壳之后的 CPU 芯片。图 7-4 是一个计算机的母板，母板就是电路板，CPU 就装在母板上。

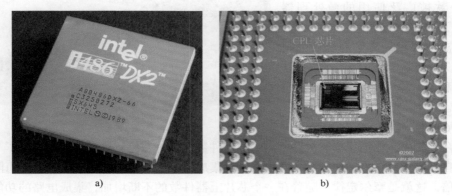

图 7-3　封装好的 CPU（图 a）和打开封装的 CPU（图 b）

图 7-4　一个计算机的母板和母板上的 CPU

7.2　半导体工业发展简史

半导体工业起源于硅谷。在发明晶体管后，威廉·肖克莱于 1953 年离开了贝尔实验室到达加利福尼亚州（简称加州）。在位于南加州靠近洛杉矶的加州理工学院工作了三年后，1956 年，他到达位于北加州靠近旧金山的山景城，成立了肖克莱半导体实验室。由于不满肖克莱的管理方式，在该实验室工作的八名工程师，肖克莱称他们为"八个叛徒"，离开那里，成立了仙童半导体公司。在后来，其中的两个人罗伯特·诺伊斯和戈登·摩尔离开仙童，成立了英特尔公司[1]（见第 3 章）。

1974 年，英特尔公司研制出了世界上第一款被广泛使用的微处理器 Intel 8080，如图 7-5 所示。1975 年，比尔·盖茨和保罗·艾伦为米兹公司（MITS）设计的基于 Intel 8080 的微计算机编写程序，由此开始了微软公司的历程[2]。

图 7-5　微处理器 Intel 8080

在 1965 年，戈登·摩尔发表了一篇文章，在该文中，他描述集成电路所容纳的器件数目，每一年就要增加一倍。到了 1975 年，他修正了自己的预言，将一年变成了两年，就是集成电路上可容纳的器件数目，约每隔两年便会增加一倍，这就是摩尔定律。随着在一个芯片上器件数的不断增加，集成电路的功能也获得了大幅度提高。直到现在，半导体工业依然遵循摩尔定律的预言，并引导着该领域的长期规划，以及研发项目的设置。

图 7-6 是从 1971 年到 2020 年，集成电路芯片上晶体管数目的变化。从图中可以看出，

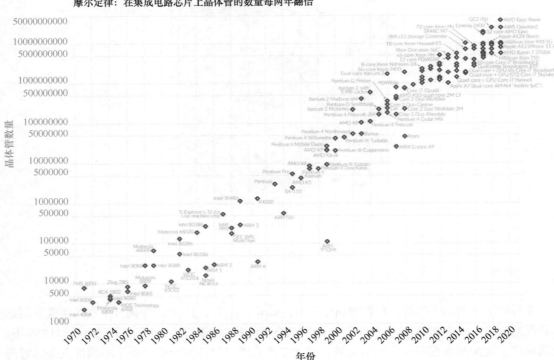

图 7-6　集成电路芯片上晶体管的数目

1971 年时，一个芯片上的晶体管数是 1000 左右，到了 2020 年，一个芯片上的晶体管数近 500 亿!

7.3　晶体管和硅晶圆尺寸的变化

随着一个芯片中包含的晶体管数目越来越多，晶体管的尺寸也变得越来越小，人们用了一个词来标志晶体管的大小——特征尺寸。特征尺寸越大，晶体管的尺寸也越大；特征尺寸越小，晶体管的尺寸也越小。小尺寸的晶体管，除了尺寸小之外，还有两个重要特性：速度快，功耗小。一开始，特征尺寸是用场效应晶体管的栅长（L 或 L_G）来标志的，如图 6-13 所示。由于在一个场效应晶体管中，栅长是最小的尺寸，所以有时把特征尺寸称为最小特征尺寸，如图 7-7 所示。由于制作工艺所致，所以栅长和栅的沟道长度有时并不一致，图 7-7 就把这种差别说得很清楚。后来，动态随机存取存储器（DRAM）的半线距（half pitch）作为最小特征尺寸使用了很多年（见图 7-8）。再后来，工业界又用其他的器件尺寸作为特征尺寸来表明器件的大小。总之，特征尺寸或最小特征尺寸是用来标识器件尺寸大小的。

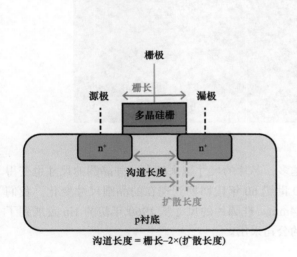

图 7-7　MOSFET 的栅长示意图

图 7-8　线距的含义，半线距就是线距的一半

通过使用特征尺寸，国际半导体技术发展蓝图（International Technology Roadmap for Semiconductors，ITRS）为半导体工业在不同时期的技术节点（technology node）所涉及的半导体制造工艺和设计规范提供指导和帮助。技术节点，有时也称为工艺节点、工艺技术或简称节点。不同的节点，往往意味着不同代的电路及结构。通常地，小的技术节点，代表小的特征尺寸。最近几年来，在一些半导体晶圆厂或代工厂，特征尺寸已失去了它的本来意思。例如在一些 nm 芯片中，其工艺节点只代表采用一个特定的技术所制造的一代芯片。这里的 nm 是纳米，长度是十亿分之一（10^{-9}）米，为了使读者对这个尺寸有个概念，在此给出硅晶体的晶格常数以供

参考：这个常数约为 0.54nm [3]。在原子量级，我们还常用一个长度单位——埃（Å），以纪念瑞典物理学家安德斯·埃格斯特朗 [Anders Jonas Ångström（1814.8.13—1874.6.21）]，1Å = 0.1nm，所以硅的晶格常数约为 5.4Å。技术节点的推动力是摩尔定律。图 7-9 是发展蓝图的一个示例。从该图可以看到，在 10nm 的节点上，$1mm^2$ 的面积上就制造了超过一亿个的晶体管。现在，IBM 公司已推出了 2nm 芯片 [5]。和硅的晶格常数相比，我们可以知道这个尺寸是多么小！可以想象，2nm 芯片的密度会高很多。该文宣称，IBM 公司能够在指甲大小的芯片上集成 500 亿个晶体管，并能在 2024 年投入生产。从这些数据中，我们可以看到现代芯片中的晶体管是多么的微小，其制造难度是非常非常大的。

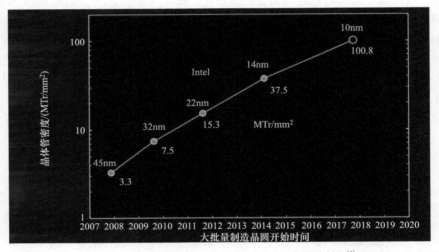

图 7-9　技术发展蓝图（MTr 是指百万个晶体管）[4]

随着一个芯片包含的晶体管的数量越来越多，芯片的尺寸越来越大，硅晶圆的尺寸也变得越来越大。图 7-10 是从半导体工业开始的 20 世纪 60 年代初期到现在的晶圆尺寸变化。我们还常用英寸（in）来表示晶圆尺寸，1in = 25.4mm。硅圆片的尺寸从 1960 年初的 1in 发展到了 2001 年的 12in。12in 硅晶圆至今还被大部分的公司采用。

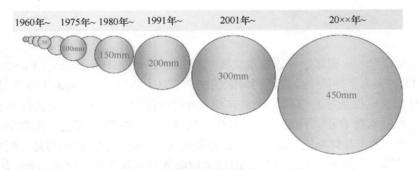

图 7-10　硅晶圆尺寸随着年代的变化

7.4 洁净室

芯片上的晶体管越来越小，和这些管子相比，人的头发就像一座大山一样，因为头发的直径是 100μm 左右，1μm=1×10^{-6}m。图 7-11 给出了自然界一些物体的尺寸，图中尺寸的分类是从半导体技术的角度来进行的，实际我们常遇到的宏观世界的尺寸要远大于图中显示的，10^{-2}m（1cm）以上都属于宏观世界。所以在制造半导体器件和集成电路时，其大部分的工作是在洁净室里完成的（见图 7-12）。该图显示了一个洁净室和一个身穿净化服的工程师。我们用洁净度来标志洁净室的干净程度，洁净度采用一些标准，一个标准是美国联邦标准（FED-STD-209E），它是于 1992 年 9 月 11 日由美国环境科学和技术研究所（IEST）发布。FED-STD-209E 被广泛用于世界各地，至今还在许多地方使用。在这个标准中，洁净室的洁净度被分类为多少级，例如十级洁净，是指在一立方英尺的空气中，尺寸大于 0.5μm 的灰尘颗粒数要少于 10 个。"十级洁净""百级洁净"这样的术语，已在半导体界打上了不可磨灭的烙印。但是，FED-STD-209E 标准在 2001 年 11 月 29 号被取消[6]，取而代之的是国际标准组织（ISO）的标准，这个标准是洁净室以及相关受控环境的国际标准（ISO 14644-1 Part 1）。表 7-1 是 ISO 14644-1 洁净室标准[7]。

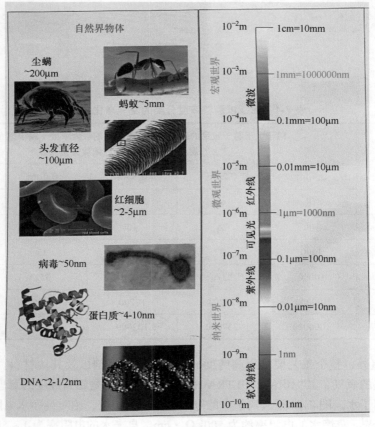

图 7-11 自然界物体的尺寸

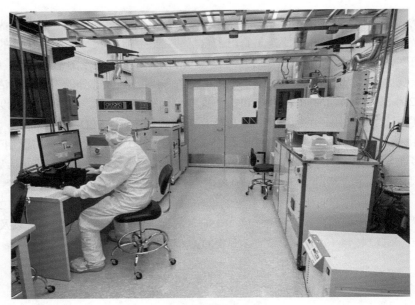

图 7-12　洁净室以及穿洁净服的工程师

表 7-1　ISO 以颗粒浓度分类的空气净化级别

ISO 等级号	对于大于等于设定的颗粒大小，所允许的最大浓度（颗粒数 /m³），"×"表示低浓度下的颗粒浓度分类无效				
	0.1μm	0.2μm	0.3μm	0.5μm	1μm
1	10	×	×	×	×
2	100	24	10	×	×
3	1000	237	102	35	×
4	10000	2370	1020	352	83
5	100000	23700	10200	3520	832
6	1000000	237000	102000	35200	8320

　　除了洁净室外，整个工艺要采用高纯度的气体、化学试剂以及其他材料。图 7-13 是一瓶用于半导体工艺的氧气，其标识的 "ULTRA HIGH PURITY" 是超高纯度的意思，达 99.999%。使用的水是去离子水。图 7-14 是去离子水的电阻率。作为比较，绝对纯净水电阻率在室温时约为 18.2MΩ · cm[8]，蒸馏水的电阻率约为 500kΩ · cm，自来水的电阻率为 1 ~ 5kΩ · cm[9]。

图 7-13　用于半导体工艺的超高纯氧气

图 7-14　去离子水的电阻率，单位是 MΩ·cm

7.5　平面工艺

让我们再看看图 2-6 的第一只晶体管，以及晶体管的结构示意图 6-1、图 6-4 ~ 图 6-6，它们都是三维立体结构，这种结构在实际制造上是复杂的。让我们来看看实际芯片的结构，从图 7-1 到图 7-3，它们都是平面的二维结构，该结构使得晶体管和集成电路的制造变得简单，这种制造工艺就是平面工艺。平面工艺在制造集成电路的过程中，先将一个一个独立的器件，例如晶体管和二极管等制作在硅晶圆上，然后把这些器件用金属连接起来（互联工艺）。采用平面工艺制造的管子和集成电路的表面不是完全平整的，也有些高低起伏。图 7-15 是一个平面工艺示意图，该技术是由金·赫尔尼 [Jean Amédée Hoerni（1924.9.26—1997.1.12）] 发明的，他是肖克莱所称的"八个叛徒"之一，他在仙童半导体公司工作期间，申请了平面工艺专利。在该图中，赫尔尼所绘制的工艺中包含晶圆、管芯、氧化、扩散、光刻开孔、腐蚀和欧姆接触。所有这些工艺建立起了当代半导体制造技术的基础，我们会在后面对这些工艺进行讨论。图 7-16 是由仙童半导体公司采用平面工艺做出的集成电路芯片；图 7-17 是当代计算机芯片的局部照片。

在第 4 章中，我们提到过无源元件：电阻、电容和电感，它们是电路中的基本元件。但在电子电路中，除了无源元件外，还有有源元件，它们是晶体管和二极管。在这五种元件中，晶体管和二极管，电阻和电容都容易通过平面工艺集成在电路中。各种技术的开发就是用来制造晶体管和二极管的。电阻可以用金属、掺杂的多晶硅及合金，或者对硅的某段区域掺杂来制造；MOS 和反偏二极管就是电容，所以制造起来也不困难。但电感就不容易制造，因为它是线圈结构和三维立体的，虽然有许多努力在尝试着做电感，但和主流的 CMOS 工艺相融合还是有一定的困难。图 7-18 是一个用在硅射频（Radio Frequency，RF）集成电路上的螺旋电感，这种电感是由金属微结构，并采用和 CMOS 兼容的制造工艺来完成。在 2018 年，Xiuling Li 和 Huang Wen 等人采用带应力的氮化硅膜自我卷曲的特性，做成了微米级甚至纳米级的卷筒，并在这种卷筒的内壁沉积薄的金属膜，这样就形成了微米级甚至更小的电感线圈。在一个氮化硅卷筒上做上不同匝数的金属线圈，就能形成一个微小的变压器，如图 7-19 所示。虽然目前该变压器是用于射频电路中，但是希望在不久的将来，这种变压器能用于家用小电器的芯片电压变换上，使得这些小电器可以直接接到墙上的电源插口上，而不需要电压变换器（见图 1-1）。

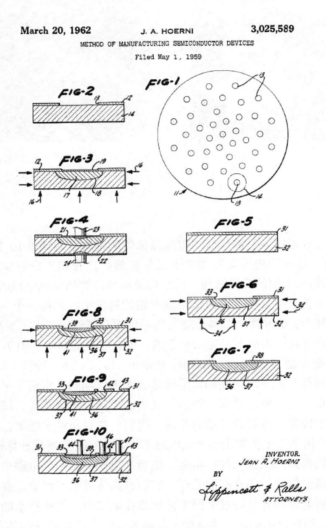

图 7-15　平面工艺示意图 [10]

　　上面引出了射频的概念，这是电磁波频谱中的一段区域。电磁波的频率范围（频谱）很广，人们用不同的名字命名不同的频率段，请看图 7-20 的电磁波频谱。图中从调幅（AM）到电视（TV）的这段频率范围归为射频频段，我们使用的收音机，分为中波、短波和调频三个频段。中波就是调幅广播，接着是短波广播，波长再短的是电视 / 调频（FM）广播。在该图频谱中，射频和微波频段的电磁波被广泛用于无线电通信及探测（雷达）技术中。电磁波的频谱概念很重要，我们在后面的第 13 ~ 15 章中还要接着使用。

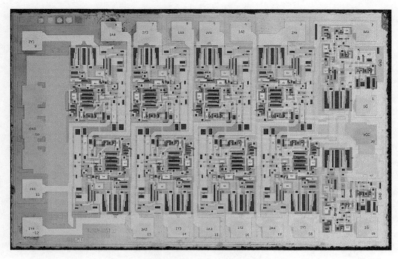

图 7-16　仙童半导体公司的集成电路芯片

图 7-17　当代计算机芯片的局部照片

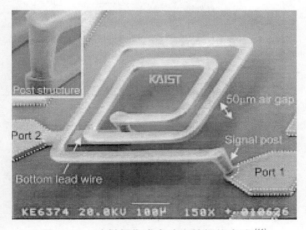

图 7-18　硅射频集成电路上的螺旋电感 [11]

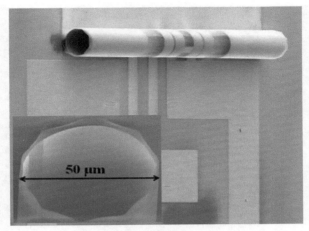

图 7-19　微米尺寸的变压器 [12]

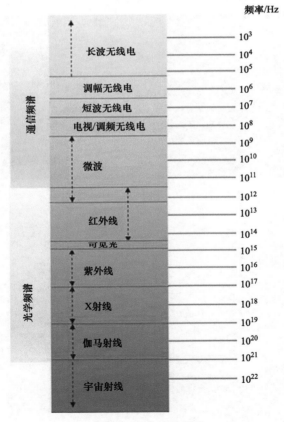

图 7-20　电磁波频谱

参 考 文 献

1 Williams, J.B. (2017). *The Electronics Revolution Inventing the Future*, 104. Springer Praxis Books.

2 Microsoft Visitor Center Information for Students. Key Events in Microsoft History.

3 Sze, S.M. (1985). *Physics of Semiconductor Devices*, 2e, 850. Wiley.

4 Mistry, K. (2017). *10 nm Technology Leadership, Technology and Manufacturing Day*. Intel.

5 Johnson, D. (2021). Big blue gets small > IBM's 2-nanometer chip is a world's first. *IEEE Spectrum*, (August 2021), p. 7.

6 FED-STD-209 (2001). *Notice of Cancellation FED-STD-209 Notice 1*. The Institute of Environmental Sciences and Technology (IEST).

7 ISO 14644-1 (2015). *International Standard*, 2e. International Organization for Standardization (ISO).

8 Light, T.S., Licht, S., Bevilacqua, A.C., and Morash, K.R. (2005). The fundamental conductivity and resistivity of water. *Electrochemical and Solid-State Letters* 8 (1): E16–E19.

9 Wiater, J. (2012). Electric shock hazard limitation in water during lightning strike. *Electrical Review* 52–53.

10 Hoerni, J.A. (1959). Method of manufacturing semiconductor devices, US Patent 3 025,589, filed May 1, 1959.

11 Jun-Bo Yoon, Yun-Seok Choi, Byeong-Il Kim, Yun Seong Eo, Euisik Yoon, "CMOS-compatible surface-micromachined suspended-spiral inductors for multi-GHz silicon RF ICs", *IEEE Electron Device Letters*, Vol. 23, No. 10 October 2002, P. 591–593

12 Huang, W., Zhou, J., Froeter, P.J. et al. (2018). Three-dimensional radio-frequency transformers based on a self-rolled-up membrane platform. *Nature Electronics* 1: 305–313.

第 8 章

半导体光子器件

我们在前面的章节里讨论了处理电信号的半导体器件和集成电路，这些器件和电路的特点是，输入的是电信号，输出的也是电信号。而光子器件的主角是光子，它们的主要特点是，输入的是电信号（能量），输出的是光信号（辐射）；或者相反，输入的是光信号，输出的是电信号。光子器件又可分为三大类：①把电能转换为光辐射；②通过电子技术来探测光信号；③把光辐射转换为电能[1]。要想了解这种器件，我们就要了解光的基本特性和发光原理，所以在这一章里介绍这些基本特性和原理、自发辐射和受激辐射的区别及相关的器件。

8.1 发光器件和发光原理

光子器件，有时又称之为光电器件。该类器件中，光子起了一个关键的作用。从图 7-20 可以看到，虽然光也是电磁波的一部分，但是它们的频率要比用于无线电通信和雷达的射频和微波波段的电磁波高得多。由于光子的波长短、能量高，所以它们就会在半导体中产生一些特殊的现象。

人类用光可以追溯到上古时代，火把、蜡烛和油灯作为照明工具伴随了人类几千年。但真正意义上的光电技术的产生是电灯的发明。托马斯·爱迪生 [Thomas Alva Edison（1847.2.11—1931.10.18）] 在 1879 年发明的白炽灯（电灯泡），开启了把电能转换为光辐射的时代。图 8-1 展示了我们常用的一些白炽灯的图片。1960 年，西奥多·梅曼 [Theodore H. Maiman（1927.7.11—2007.5.5）] 和戈登·古尔德 [Gordon Gould（1920.7.17—2005.9.16）] 发明了世界上第一个激光器——红宝石激光器，如图 8-2 所示。虽然白炽灯和激光都是把电能转换为光辐射，但是它们的发光机制是有所区别的，白炽灯是自发辐射而激光器是受激辐射。从能级或能带的角度来看，发光实际上就是电子从激发态的高能级跃回到低能级，发出一个能量等于两个能级之差的光子（见图 2-2）。电子被激发从低能级跃迁到高能级，可以是晶格的热振动激发，也可以是吸收光子的能量而被激发。当一个电子跃迁到高能级后，若它自发地跳回到低能级而发出光子，这种发光方式就是自发辐射；当这个电子是被一个能量和能级差一样的光子触发而跳回到低能级，这时会有两个光子发射出来，这种发光方式就是受激辐射，发出的光就是激光。从激光的发射过程来看，激光器就是一个光子放大器，实际上"激光"的英文"Laser"就是"通过受激辐射产生的光放大"的英文"Light Amplification by Simulated Emission of Radiation"的缩写。激光发出的光子，它们的物理特性一样或相近，这样的光我们就称之为相干光；相对应的，自发辐射电灯发出的光就是非相干光。图 8-3 是一个示意图，显示了自发辐射和受激辐射的区别。受激辐射的理论是爱因斯坦在 1917 年提出的。

图 8-1　白炽灯

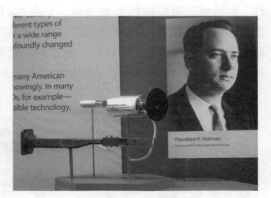

图 8-2　红宝石激光器

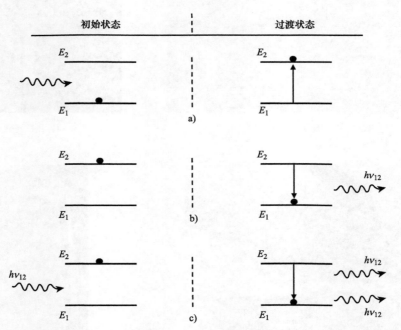

图 8-3　在能级 E_1 和 E_2 之间电子的三种过渡过程，黑点代表一个电子：
a）吸收一个光子；b）自发辐射；c）受激辐射 [1]

　　如我们前述，发明晶体管的初衷，就是要用固体器件来代替真空（玻璃）管。在半导体晶体管发明后，人们自然就会问：我们能不能用半导体做出发光器件呢？能否用这种器件来取代白炽灯，并制造出更小的激光器？答案是肯定的。后来许多种类的半导体光子器件被发明了出来。在本节开头，我们将这种器件分为三类。第一类是电转光，这类器件有发光二极管（Light Emitting Diode，LED）、二极管和晶体管激光器；第二类是探测光信号，这类器件有光探测器；第三类是光转电，这类器件有光伏器件和太阳能电池。LED 是基本的器件，可以用来取代白炽灯、制造显示面板和 LED 电视机，如图 8-4 所示。二极管激光器是基本的器件，可以用于光纤通信、激光打印机、CD（光盘）、DVD（数字多功能光盘）和激光笔，如图 8-5 所示。光探测器是基本的器件，用于 CD 机、数字照相机和光纤通信，如图 8-6 所示。光伏器件和太阳能电池是基本的器件，用来制造太阳能电池板，如图 8-7 所示。

图 8-4　LED 电灯泡

图 8-5　光纤

图 8-6　数字照相机

图 8-7　太阳能电池板

8.2　发光二极管

　　请参看图 5-2 和图 5-3，半导体的能带结构有两种：一种是直接带隙；另一种是间接带隙。一个被激发到导带的电子是不稳定的，它要跳回到价带，和价带中的一个空穴结合，与此同时，发射出一个光子。这个过程被称之为电子 - 空穴复合。图 8-8 是直接带隙和间接带隙半导体中电子 - 空穴复合和光子辐射过程示意图，图中 E 是能量，k 称为波数，其形成的空间称为 k 空间，这是固体物理学中常用的空间单位：

$$k = \frac{2\pi}{\lambda} \tag{8-1}$$

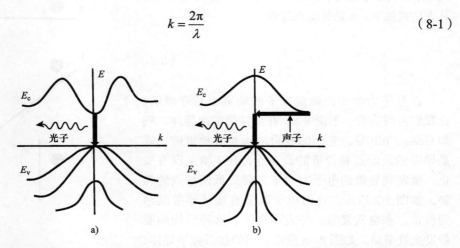

图 8-8　直接带隙（图 a）和间接带隙（图 b）半导体中电子 - 空穴复合和光子辐射过程示意图：a）显示了一个电子直接从导带跳回到价带，和一个空穴复合，发射一个光子；b）电子不是直接从导带跳回到价带，要先和晶格碰撞，再和空穴复合发射一个光子[2]

　　为了进一步了解图中的复合和辐射过程，我们有必要引入动量的概念。动量是用 P 表示的，在牛顿力学中，P 是质量 m 和速度 v 的乘积：

$$P = m \cdot v \tag{8-2}$$

　　在一个封闭的系统中，就是该系统和外界没有物质和力的交换，它的总动量是一个常数，这就是动量守恒定律。图 8-9 就是一个两个球体的动量守恒示意图，图中碰撞后的速度用 u 表示。如果一个球撞击墙，在 0° ~ 90° 撞击角范围内，会有三种情形，如图 8-10 所示。情形 a 是球以垂直 90° 角撞向墙，这时所产生的动量最大；情形 b 是球以一定角度 θ 撞向墙，这时所产生的动量变小，θ 越小，动量越小；情形 c 是撞击角为零，这时的动量也为零。简单地说，动量越大，冲击力越大；动量越小，冲击力越小。动量的概念很重要，我们在后面的 15.6.2 节和 16.4 节中还要用到。

　　在量子力学中，微观粒子也存在着动量。法国物理学家路易·德布罗意 [Louis Victor Pierre Raymond de Broglie（1892.8.15—1987.3.19）] 指出，所有的物质都存在着波 - 粒二相性。在微观世界里，一个粒子的动量可由德布罗意关系式来描述：

$$p=\frac{h}{\lambda} \tag{8-3}$$

波长 λ 叫做粒子的德布罗意波长。代入关系式（8-1），德布罗意关系式可重写为：

$$p=\hbar k \tag{8-4}$$

式中，k 就是关系式（8-1）；$\hbar$ 是约化普朗克常数，其表达式如下，h 是普朗克常数：

$$\hbar=\frac{h}{2\pi} \tag{8-5}$$

v_1
v_2
碰撞
u_1
u_2
m_1
m_2
m_1m_2
m_1
m_2
$m_1v_1+m_2v_2=m_1u_1+m_2u_2$

图 8-9 动量守恒定律

a
b
c
θ
墙

图 8-10 一个球撞击墙的三种情形

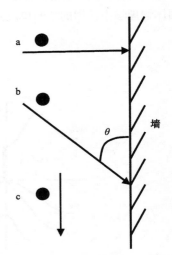

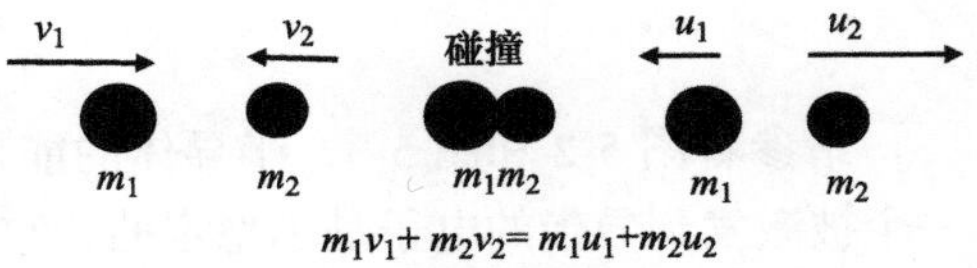

在量子力学中，微观粒子的动量也是守恒的。让我们再回头看一下图 8-8。在直接带隙半导体，例如 GaAs、InP 等，它们的能带结构是直接带隙，就是导带的最低点和价带的最高点，在 k 轴上没有变化，激发到导带的电子有趋于导带最低能量点的趋势，如图 5-2 所示。这时电子就会直接从导带跳回到价带，和空穴复合，并发出光子。这种结构的能带发光效率高，如图 8-8a 所示。而间接带隙半导体，例如硅和锗，它们的能带结构是间接带隙。由于它们的导带最低点和价带最高点不在 k 轴的同一点上，一个激发到导带的电子，首先要和晶格相碰撞，碰撞过程中动量守恒，损失一部分能量，进入到和价带最高点位于相同 k 轴点的地方，跳回到价带，和空穴复合，发射一个光子。由于和晶格碰撞损失了一部分能量，所以间接带隙半导体的发光效率低，如图 8-8b 所示。图中“声子”用来描述电子和晶格的碰撞过程。

正如在第 5 章所讨论的，现在常用的化合物半导体的一个重要的特性，就是它们大部分的能带是直接带隙结构，由于这个原因，这种半导体被广泛地用作制造光子器件中的第一类器件——光发射器件，例如 LED 和激光器。现在这两种器件在社会上被广泛使用，是由于它们的低成本、高效率、频谱宽、驱动电路相对简单、高可靠性和长的工作寿命。LED 始于 1962 年，那一年，尼克·何伦亚克 [Nick Holonyak（1928. 11. 3—2022. 9. 18）] 和 S.F. 贝瓦夸（S.F. Bevacqua）研制出了发射可见红光的 LED [3]，如图 8-11 所示。

LED 的发光是自发辐射，其基本结构就是一个二极管，当加正向电压时，电子扩散到 P 区，空穴扩散到 N 区。到达 P 区的电子和空穴复合发射光子，而到达 N 区的空穴和电子复合发射光子。这类器件是把电能转换为光能，在设计上还是有一些特殊的考虑。其发光模式分为表面发射和边缘发射，如图 8-12 所示。图中“n^+”、“p^+”是 N 型和 P 型重掺杂（见第 6 章）。LED 芯片是封装在一个圆拱形的塑料封装内，如图 8-13 所示。

图 8-11　尼克·何伦亚克和 LED 的发明

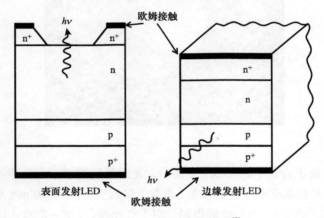

图 8-12　LED 的基本结构[2]

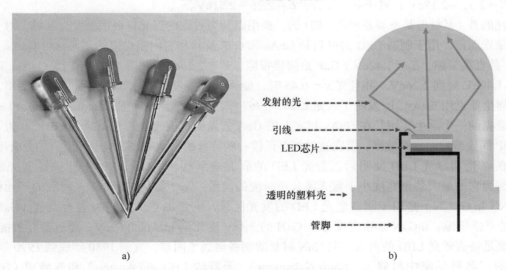

图 8-13　LED 产品（图 a）和内部结构（图 b）

为了进一步了解 LED，我们有必要介绍光学中的三色比。红、绿和蓝是彩色电视的主要三种颜色，混合这三种颜色可以得到白色，如图 8-14 所示。这就说明，如果想用 LED 来取代白炽灯，或用 LED 来制造电视机，那么我们需要红光、绿光和蓝光 LED。我们现在从光的波长来分析需要的半导体禁带宽度。红光的波长是 620 ~ 750nm，绿光的波长是 495 ~ 570nm，蓝光的波长是 450 ~ 495nm。根据式（2-1），以及下面的波速 V、频率 f 和波长 λ 的关系式：

$$V = \lambda \cdot f \tag{8-6}$$

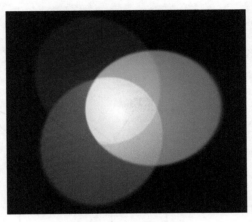

图 8-14   三原色图

如第 2 章所述，量子力学中的频率用 ν 表示，光速是用 C 表示，C 是常数英文"Constant"的第一个字母，因为光在真空中以固定不变（常数）的速度 $C = 3 \times 10^8$m/s 来传播，再结合普朗克常数 $h = 4.134 \times 10^{-15}$eV · s，我们能够得到：对于红光而言，$E = 2.00 ~ 1.65$eV；对于绿光而言，$E = 2.51 ~ 2.17$eV；对于蓝光而言，$E = 2.76 ~ 2.51$eV。

纯的 Ⅲ - Ⅴ 材料是不容易制造 LED 的，要用以其为衬底的三元材料来做发光区域。对于红光和绿光而言，用于制造 LED 的材料是 GaAs 和 GaP 及其和它们相对应的三元材料 $GaAs_{1-x}P_x$。GaAs 是直接带隙，$E_g = 1.42$eV；GaP 是间接带隙，$E_g = 2.26$eV。随着 x 从 0 到 1，$GaAs_{1-x}P_x$ 的 E_g 从 1.42eV 变到 2.26eV，并且在 $x = 0.45$ 时，能带从直接带隙变成间接带隙[1]。1962 年，尼克·何伦亚克用 $GaAs_{1-x}P_x$ 发明了红光 LED。1967 年，乔治·克拉福德（George Craford）——何伦亚克的一个学生，用长在 GaAs 衬底上的 GaAsP 发明了橙光、黄光和绿光 LED[4]。为了改善 GaP 间接带隙的发光效率，要在这种材料里掺一些特殊的杂质来改善电子和空穴的复合率。

在红光和绿光 LED 发明后，蓝光 LED 的研究进展缓慢。$GaAs_{1-x}P_x$ 不能满足蓝光的需要，因为它的最大禁带宽度小于蓝光波长所对应的能量。基于氮化镓（GaN）衬底的三元材料 InGaN（$In_xGa_{1-x}N$）是用于制造蓝光 LED 的发光区域，它是由 GaN 和 InN 混合而成。GaN 和 InN 是直接带隙，InGaN 禁带宽度可从 GaN 的 3.4eV 变化到 InN 的 0.69eV，跨过蓝光的能量，能够满足制造蓝光 LED 的需求。但 GaN 材料的制备遇到了困难，直到 1980 年底到 1990 年初，日本的三名科学家中村修二（Shuji Nakamura）、天野浩（Hiroshi Amano）和赤崎勇（Isamu

Akasaki）突破了 GaN 衬底制备上的困难，发明了基于 GaN 的蓝光 LED[5]。

蓝光 LED 的发明，使得三原色图中的最后一个光源蓝光问世，用固体光源 LED 来取代白炽灯成为可能，并且使用 LED 开发了新型的电视机——LED 电视机。LED 电视机是用三色比来调整颜色，而 LED 灯泡则是用蓝光 LED 发出的光来激发灯泡里的荧光材料来发光，将 LED 的蓝光转换为白光。当代白光 LED 灯泡的电能转换为光能的效率可超过 50%，而普通白炽灯的转换率只有 4%。LED 灯泡的工作寿命可达到 100000h，与此对应的，荧光灯的寿命为 10000h，而白炽灯的寿命为 1000h[6]。

8.3 半导体二极管激光器

我们在上一节讨论了 LED，这一节我们要讨论二极管激光器。如前所述，激光器就是一个光子放大器，激光的相干性好。为了理解相干性，有必要对光的相干性做个简单的介绍，使我们对后面的章节容易理解。

在物理学中，具有良好相干性的两束波，是指它们具有相同的频率和波形，以及固定的相位差。图 8-15 是两个波的相位差的示意图。图 8-16 是相干光和非相干光的示意图，该图中单色是指光波具有相同的频率，激光就是单色光。

从图 8-3 可以看到，要想实现激光的发射，必须保证在激发态的载流子数要足够得多，自发复合的载流子数要足够少，这就是粒子数反转；另外，为了实现发射光的相干性，器件必须要有谐振腔；保证激光产生的另一个条件是，增益要大于各种因素所带来的损耗，这个条件可转换为注入二极管结区的电流密度，激光产生需要一个最小的电流密度，即阈值电流密度。这是实现半导体激光发射所需要满足的三个条件：粒子数反转、阈值电流密度和谐振腔[2]。谐振又称之为共振，是指当外力作用的频率和系统的固有频率相同或相近时，振幅急剧增大的现象。现在让我们一一说明这三个条件。

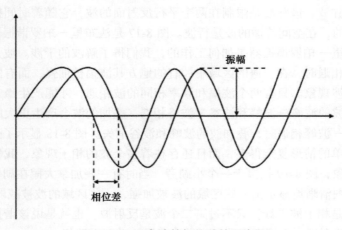

图 8-15 两个波的相位差的示意图

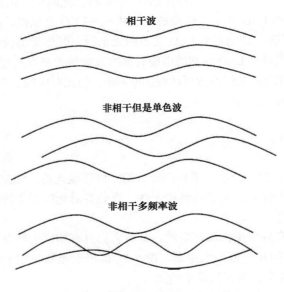

相干波

非相干但是单色波

非相干多频率波

图 8-16 相干光和非相干光的示意图

8.3.1 谐振腔

激光器中的谐振腔能产生激光振荡，最常用的结构是法布里-珀罗谐振器，也称之为法布里-珀罗干涉仪，这是由法国物理学家查尔斯·法布里 [Charles Fabry（1867.6.11—1945.12.11）] 和 阿尔弗雷德·珀罗 [Alfred Perot（1863.11.3—1925.11.28）在 1899 年发明的。它通常是由两个平行的透明平板加上反射面，或者两个平行的反射镜组成。光通过在两个表面上的多次反射形成驻波，该驻波是限制在两个平行反射面的波，它随着时间振荡，但不会在空间中传播。相对应的，在空间传播的波是行波。图 8-17 是法布里-珀罗谐振器结构示意图。为了进一步了解法布里-珀罗谐振器是如何工作的，我们得了解波的干涉。波是振动的传播，当两个波在传播途中相遇时，在相遇的区域中，有的地方其波幅被加强，而有的地方其波幅被减弱，这就是波的干涉现象。只有两个波幅和频率相同的波相遇，才能产生稳定的干涉，这就是相干波。两个相干波的波峰-波峰和波谷-波谷相遇，叠加的波会产生更大的波峰和波谷；当波峰-波谷和波谷-波峰相遇时，叠加波的波峰和波谷消失。图 8-18 显示了这两种情况，实际情况要比这两个简单的情形复杂得多，而且还存在着多个波的相干现象，我们在日常生活中常常遇到波的干涉现象，图 8-19 拍摄于一个小湖旁，当时有一些加拿大鹅在湖里，它们激起的水波产生了干涉，该图清晰地显示出一些区域的波被加强，一些区域的波被减弱。图 8-17 的法布里-珀罗谐振器就是相干波干涉，只不过第二个波是反射波，也就是说该谐振器是入射波和反射波的干涉，所以法布里-珀罗谐振器又叫做法布里-珀罗干涉仪。

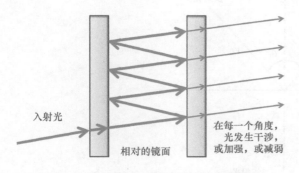

图 8-17　法布里 – 珀罗谐振器结构示意图

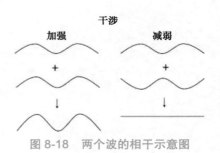

图 8-18　两个波的相干示意图

图 8-19　水波相遇后的干涉

　　这里我们谈到了光波的反射，光除了反射外，还有一个重要的特性就是折射。对于反射，我们最常遇到的就是镜子（在物理学上叫做镜面）反射。光在不同传播介质的界面，可以发生折射，也能发生反射。下面就让我们深入地讨论一下。

8.3.2　光的反射和折射

　　当光束照射到一个表面时，如果这个表面是一个理想的镜面，光就能从这个表面完全反射（光的全反射）；如果表面光滑，但不是理想反射镜面，例如静止的水表面，一些光被表面反射，一些光会穿过水的表面，进入到水里面，如图 8-20 所示。光线从空气进入到水里，在物理学上叫做光线从第一个透明介质（空气）传到第二个透明介质（水），当然了，光线还能继续穿过第三个透明介质……在此我们用空气和水双透明介质为例来讨论光的反射和折射问题。

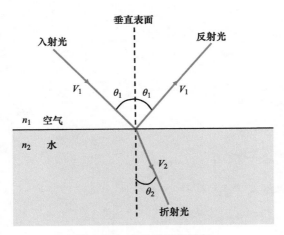

图 8-20   光的反射和折射

若一束光沿着和垂直表面成 θ_1 角从空气射到水的表面，θ_1 被称为入射角。一部分光反射，沿着相同的角度反射到垂直面的另一边，这就是光的反射定律；一部分光进入到水里，进入水中的角度是 θ_2，$\theta_1 \neq \theta_2$，θ_2 被称为折射角，这就是光的折射。光在不同介质的速度不一样，若以 V_1 代表在空气中的速度，V_2 代表在水中的速度，那么光线在不同介质之间的传播满足下面的公式：

$$\frac{\sin\theta_2}{\sin\theta_1} = \frac{V_2}{V_1} = \frac{n_1}{n_2} \tag{8-7}$$

式中，n_1 和 n_2 分别是光在空气和水中的折射率。通用情况下，折射率是用 n 来表示的，常用的折射率为：真空的是 1，水的是 1.33，石英的是 1.45[7]，空气的折射率基本上是 1。该公式叫做斯内尔定律，以纪念荷兰天文学家威尔布罗德·斯内尔 [Willebrord Snellius（1580.6.13—1626.10.30）]。公式中的 $\sin\theta_1$ 和 $\sin\theta_2$ 分别是入射角和折射角的正弦函数。

水的折射率是大于空气的，所以水被称之为光密介质，而空气被称之为光疏介质。根据式（8-7），$\theta_1 > \theta_2$，我们可以想象，当光线从水中射向空气时（从光密到光疏介质），如果入射角 θ 从小往大变化，折射到空气的光线就会向水的表面倾斜，一直到 θ 超过某个值，光线就会完全折射到水里。这样，虽然水表面不是理想镜面，但是照样能发生全反射，这叫做全内反射。折射光产生全内反射时的入射角就叫做临界角，如图 8-21 所示。

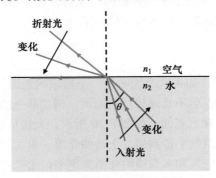

图 8-21   折射光线的临界角

在半导体中，常用两种方法制造谐振腔：①镜面谐振：镜面的制造方法是沿着和 p-n 结垂直方向解理，解理的意思是晶体在外力的作用下，沿着一定的晶向裂开，以解理面为镜面；或者对垂直于 p-n 结方向的面进行抛光来制造镜面。②异质结全反射谐振：方法是采用异质结，用两种不同折射率材料之间的全内反射来制造谐振腔，这两种材料具有不同的折射率，并被用作光密和光疏介质，从而把光线限制在其中。在半导体激光器中，这两种谐振腔要结合起来使用。下面我们来讨论异质结。

8.3.3　异质结材料

我们前面所讨论的器件都是同质结材料制造的，就是器件采用了一种材料，例如硅和砷化镓等。其实，我们还采用另一项技术来制造器件，这就是异质结技术，该技术在 III-V 族半导体中被广泛采用。异质结技术就是把两个禁带宽度不同的材料放在一起，形成一个有别于同质结材料的 p-n 结，如图 8-22 所示。异质结技术最早是由赫伯特·克鲁默（Herbert Kroemer）提出的，它的一个重要优势就是所制造的器件速度快，现在常常提到的太赫兹（THz，10^{12}Hz）器件就是采用了异质结技术。它的另一个优势就是两种材料的折射率不同，这样就能制造出法布里－珀罗谐振腔；而同质结由于折射率相同，就制造不出谐振腔，如图 8-23 所示。该图中的法布里－珀罗谐振腔有两个异质结，所以该结构被称之为双异质结（DH）激光器。在这种结构中，光被限制在有效区域。该结构又被称之为波导，光纤（见图 8-5）就是采用了波导结构，如图 8-24 所示。光纤的芯是由玻璃或塑料制造而成。图 8-25 是 p-n 双异质结激光器示意图，其中 AlGaAs 的折射率要低于 GaAs 的。

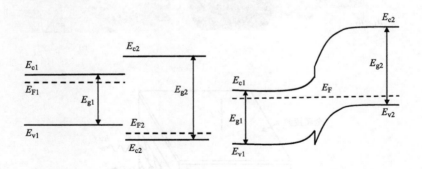

图 8-22　p-n 异质结的一个例子

我们在此讨论了半导体激光器的简单结构，实际上的激光器要比这复杂得多，而且结构也有许多，例如量子阱激光器、量子点激光器和垂直腔面发射激光器，在此我们就不展开讨论了。

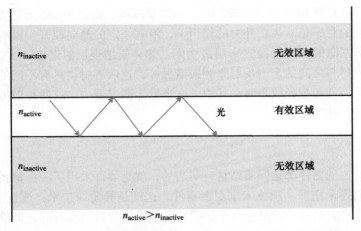

图 8-23 用异质结制造的法布里－珀罗谐振腔的基本结构示意图

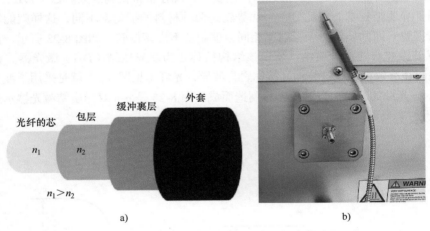

a)   b)

图 8-24 光纤的构造（图 a）和一个光纤电缆（图 b）

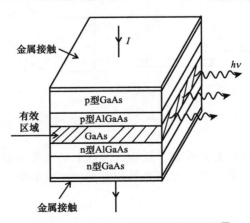

图 8-25 p-n 双异质结激光器示意图[2]

8.3.4　粒子数反转和阈值电流密度

我们刚介绍了法布里－珀罗谐振腔，现在来说粒子数反转。对于二极管激光器，激光产生的本质就是流过正向 p-n 结的载流子以及随后电子和空穴的复合。在热平衡时，激发态的载流子数总是少于基态的载流子数。粒子数反转，是指激发态的载流子数多于基态的载流子数。参考图 8-3，在这种情形下，当粒子数反转，也就是在激发态 E_2 的电子数多于基态 E_1 的电子数时，一个能量为 $h\nu_{12}$ 的光子入射进 p-n 结，就会诱发这些电子跳回到基态，和空穴复合，从而产生更多的能量为 $h\nu_{12}$ 的光子。受激辐射的光子数多于吸收的光子数，这种现象就是量子放大 [1]。在二极管激光器中，这种量子放大是在法布里－珀罗谐振腔进行的。

电子在激发态的寿命很短，也就是说，电子只能在激发态停留很短的时间。为了保证粒子数反转和量子放大，正向注入的电流要足够大（见图 5-8 和图 8-22），电流要超过一个阈值，使得光子增益大于光子损耗。我们常用阈值电流密度 J_{th} 来表达这个阈值，下角标 th 是阈值的意思。通常电流密度是用 J 表示，是指通过单位面积的电流，请看图 1-3，其表达式如式（8-8）所示。对于激光器的使用，J_{th} 越小越好。

$$J = \frac{I}{A} \tag{8-8}$$

现在有了镜面谐振、异质结谐振、粒子数反转，以及阈值电流密度，一个二极管激光器就制成了，如图 8-26 所示。在该图中，虚线是异质结界面，是和 p-n 结平行的。和这些界面垂直的，一边做成全反射面，一边做成半反射面，激光就是从半反射面射出的。相比较图 8-17，图 8-26 有相似的结构。

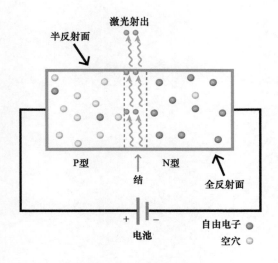

图 8-26　二极管激光器

参 考 文 献

1 Sze, S.M. (1985). *Physics of Semiconductor Devices*, 2e. Wiley, p. 681, p. 707, p. 690, p. 720.

2 Kevin F.B. (1999). *The Physics of Semiconductors with Applications to Optoelectronic Devices*. Cambridge University Press, p. 492–493, p. 676, p. 680–686, p. 689.

3 Holonyak, N. and Bevacqua, S.F. (1962). Coherent (visible) light emission from ga (As$_{1-x}$P$_x$) junctions. *Applied Physics Letters* 1: 82.

4 Bush, S. (2010). 50 year history of the LED. *Electronics Weekly*. (22 September).

5 Nakamura, S., Mukai, T., and Senoh, M. (1994). Candela-class high-brightness InGaN/AlGaN double-heterostructure blue-light emitting diodes. *Applied Physics Letters* 64 (13): 1687–1689.

6 Diep, F. (2014). Why a blue LED is worth a Noble Prize. *Popular Science* (7 October).

7 饭田修一, 大野和郎, 神前熙等. (1979). 物理学常用数表, [日], 科学出版社, 115–116 页。

第 9 章

半导体光探测和光电池

如第 8 章开头所述，半导体光子器件分为三大类：①把电能转换为光辐射；②通过电子技术来探测光信号；③把光辐射转换为电能。第 8 章中的半导体 LED 和激光器是电能转换为光辐射的器件，这一章介绍半导体光探测器件和光电池，也就是太阳能电池。这两类器件的共同之处是将光信号（能）转变为电信号（能）。光探测器件的主要应用是数字照相机和光纤通信。

9.1 数字照相机和电荷耦合器件

数字照相机不使用胶卷，它使用光子传感器和探测器将光转换为电荷。在这一章中，我们使用"探测器"来描述这类器件。有两种主要技术用于制造数字照相机的探测器（图像传感器），它们是电荷耦合器件（Charge-Coupled Device，CCD）和 CMOS，在这里我们用 CCD 为例来讨论图像传感器技术。采用 MOS 结构，照相机的颗粒度和空间分辨率取决于独立探测器单元密度，每个探测器单元被称之为像素，像素密度是决定空间分辨率的关键因素[1]。我们在此提到的颗粒度是引自过去的胶卷相机的概念，底片的颗粒度越粗，放大后的效果越差；空间分辨率越高，所能看到的细节越小。颗粒度小，分辨率高，也就是像素高，照片的效果就好，但所占的内存和磁盘的空间就大。

一个 CCD 基本上就是在空间上非常靠近的一个 MOS 二极管阵列。在使用中，信息是以电荷（称之为一个电荷包）的数量来表达的，这和传统意义上的器件是有区别的，因为传统器件是用电流和电压的大小和高低来表达信息的。一个深耗尽的 MOS 二极管就是一个 CCD 的基本单元，有两种类型的 CCD——表面沟道（SCCD）和埋沟道（BCCD）[2]。在这一节，我们用 SCCD 来探讨 CCD 的结构和工作原理。在 SCCD 器件中，电荷是半导体的表面集中并传输的。

现在让我们用 p 型硅为例来看看 CCD 是如何工作的。我们前面已经说过，如果器件被光照射，光子的能量等于或大于半导体的禁带宽度，电子就会从基态跃迁到激发态，从而形成电子－空穴对。图 9-1a 是一个 MOS 二极管示意图，当在栅极金属上加上较高的正电压时，就会在二氧化硅（SiO_2）和硅界面产生一个深耗尽区，如图 9-1b 所示。这时，当光子照射到器件时，就会产生电子－空穴对，电子会被所加的正电压吸引到 Si-SiO$_2$ 界面，而空穴会被电场排斥远离该界面，如图 9-1c 所示，图中 Q_{sig} 是信号电荷。光照越强，电荷累积越多，内建的负电压越大，对外加电场的抵消就越强，耗尽区就会变得越薄，比较图 9-1b 和图 9-1c。

我们前面提到过，一个耗尽层就是一个电容，所以我们可以把 MOS 二极管阵列比作 MOS 电容阵列。当一个影像的光线通过镜头照射在该电容阵列时，该阵列上的每个电容都会产生电荷（我们的情形是电子）累积，电荷的累积量是和照射到此处的光强成正比，积累的电荷就对应于所照物体的一部分内容。一旦这个电容阵列被影像光线照射，一个控制电路就会把一个电容所储存的电荷转移到其相邻的电容，阵列的最后一个电容会把电荷放到一个电荷放大器中，该放大器把电荷转变成电压。重复这个过程，控制电路就会把半导体电容阵列所储存影像的全部内容转换成一个序列电压。在数字器件中，这些电压就会被分类，数字化，并被存储在存储器中。图 9-2 是一个典型的三相 CCD 截面图。基本的器件结构是在一个半导体衬底上，生长有一层 SiO_2 介质层，在这个连续的介质上，排列着非常靠近的 MOS 二极管（电容）。图 9-2a 显示出在中间的栅极加上高栅压，用于电荷储存单元；当更高的脉冲电压加到右边的栅极时，电荷就转移到这个电容上（见图 9-2b）。CCD 是美国科学家威拉德·博伊尔（Willard Boyle）和乔治·史密斯（George E. Smith）1969 年在贝尔实验室发明的。图 9-3 是 CCD 芯片。

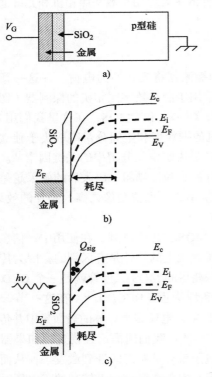

图 9-1   p 型硅 CCD 结构和能带示意图：a）一个 MOS 二极管；b）在栅极上加一个较高的正电压，产生一个深耗尽区；c）光照后，电子聚集在 Si-SiO₂ 界面[2]

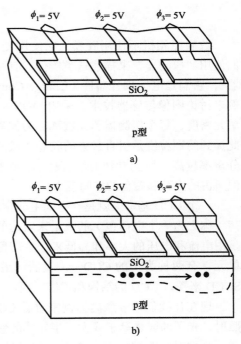

图 9-2   三相 CCD 截面图：a）在 ϕ_2 加上高电压用于电荷储存；b）一个更高的脉冲电压加到 ϕ_3 使电荷转移[2]

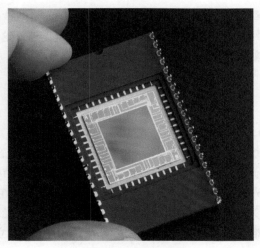

图 9-3　CCD 芯片

　　CCD 探测器是很重要的器件，它完成了摄影技术从胶卷到数字的转换。该器件一个重要的缺陷就是没有内在放大功能，这种放大特性在高频下探测小信号是非常重要的，例如光纤通信系统。有许多种器件可以提供内在放大功能。下面我们用光电导器（photoconductor）来讨论这类探测器。

9.2　光电导器

　　图 9-4 是光电导器结构示意图。该器件的放大原理来自于空间电荷的电中性要求，在Ⅲ - Ⅴ族化合物半导体材料中，电子的漂移速度要远快于空穴的速度。当光子照射到器件上而产生一个电子－空穴对时，在外加电场的作用下，这个电子会以较短的时间通过并离开器件并被外加电源吸收，与此同时，一个空穴仍留在器件内部，使得器件出现一个净正电荷。为了维持空间电荷中性要求，一个电子就会从外部电路射入到器件中，这个新电子也会通过器件。若第二个电子在和空穴复合之前就穿越器件，此时的器件还是有一个净正电荷，再一次，一个电

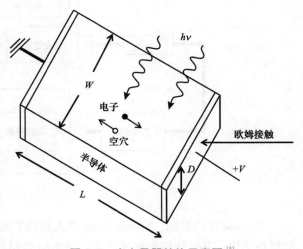

图 9-4　光电导器结构示意图[1]

子被注入器件来维持空间电荷中性要求。这个过程会持续下去，直到光产生的那个空穴和注入的某个电子复合。这就说明了，在和空穴复合前，会有许多电子穿越器件。例如，在 1μm 长的器件中，一个电子的渡越时间约为 10ps 量级，ps 是皮秒，秒用 s 表示，1ps = 10^{-12}s。而一个空

穴的典型寿命（指被激发到和电子复合这段时间）是 10ns，ns 是纳秒，1ns = 10^{-9}s。其结果是，平均下来，一个光子产生一个电子，就会有 1000 个电子穿越器件，这就产生了 1000 倍的放大，被称之为光电导放大[1]。实际器件的放大倍数要小于 1000。

9.3   晶体管激光器

我们刚刚简介了 LED、二极管激光器和光探测器，这些器件被广泛地用于照明、电视和光线通信等领域。在光纤系统中，我们需要光子器件和电子器件一起工作来运行该系统，这就是为什么这门学科又被称为光电子学。图 9-5 是光纤通信系统的整体结构示意图，在该图中，细线代表电信号，粗线代表光信号。到目前为止，我们所介绍的器件，它们处理的方式是电 - 电、电 - 光，或者是光 - 电。为了将光器件和电器件连接起来，得需要光纤和波导，这些技术和现存的主流半导体工艺是很难兼容的，并且很难集成化从而做成一个独立的芯片。

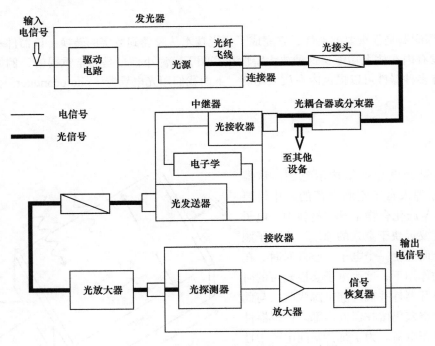

图 9-5   光纤通信系统的基本整体结构示意图

在 2004 年的早期，Milton Feng 等人发明了发光晶体管（LET）[3]。图 9-6 就是发光晶体管的材料结构、器件结构和发光照片。图 9-6a 是材料的结构图，也是采用了异质结材料，只是其结构是精心设计，而且要复杂得多；图 9-6b 是一个典型的双极型晶体管结构，包含发射极、集电极和基极；图 9-6c 是发光照片。在 2004 年末，Feng 和 G.Walter 等人制造了世上第一只晶体管激光器[4]，如图 9-7 所示。发光晶体管和晶体管激光器实现了在一个芯片上能够同时处理电信号和光信号，它们使我们有机会在一个芯片上实现光电的完全集成。

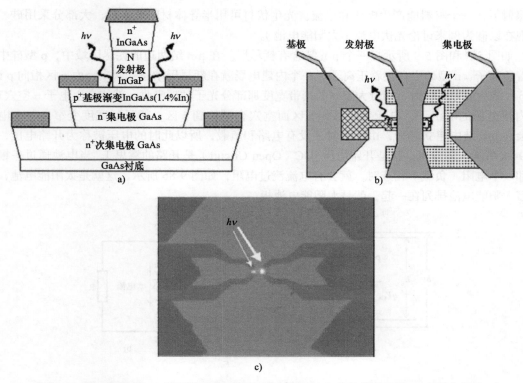

图 9-6　发光晶体管：a）晶体管的异质结材料结构；b）晶体管的结构；c）发光照片

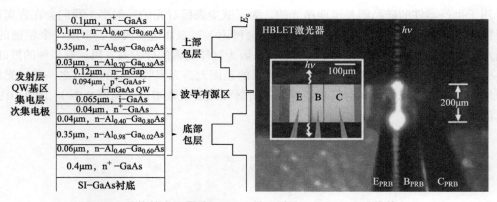

图 9-7　晶体管激光器（HBLET 是异质结双极型发光晶体管）

9.4　太阳能电池

现在让我们来讨论太阳能电池的工作原理和基本结构（见图 8-7）。太阳能电池是一种电力器件，它是利用光生伏打（见第 1 章）效应，将光能直接转换为电能。光生伏打效应是指在光的照射下，一个材料能产生电压和电流。光生伏打可用半导体材料来实现，大部分采用硅。我们现在以硅为例来讨论光伏电池（太阳能电池）。

如图 5-8 和图 5-9 所示，一个 p-n 结含有耗尽层。在 p-n 结两边的耗尽区域中，p 型硅中存在着负离子，n 型硅中存在着正离子，一个内建电场就在耗尽层中建立起来，由 n 区指向 p 区。当 p-n 结被阳光照射时，能量大于硅的禁带宽度那部分光子被硅吸收，就能产生电子－空穴对。在内建电场的吸引下，电子会漂移到 n 区而空穴会漂移到 p 区，耗尽层宽度变窄，一个电压就会在 p-n 结中建立起来，由于此时还没有电路和负载，所以此时的电压被称为开路电压，如图 9-8a 所示。图中 V_{OC} 就是开路电压 [OC（Open Circuit）是开路的意思]。当电池通过一根导线和一个电阻（负载）相连时，就会有电流流过电阻，如图 9-8b 所示，这就是太阳能电池，把许多太阳能电池排列在一起，就是太阳能电池板。

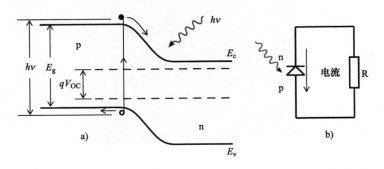

图 9-8　a）太阳能电池 p-n 结能带示意图；b）一个简单的太阳能电池电路 [2]

用于生产器件的硅晶圆是镜面抛光的，为了减少表面对光的反射率，我们会在表面涂一层防反射膜，还可以利用干法刻蚀（我们后面会讨论）对表面进行改造，形成一个粗糙的结构。该技术被称为"黑硅（Black Silicon，BSi）"，因为这样处理的硅表面发黑。有多种的黑硅结构，图 9-9 显示了硅表面纳米锥体结构 [5]。在这样的表面上，光吸收增强的原因之一是，光的辐照面积增加，与此同时，光在空气和硅界面的折射和反射次数增加（见图 9-9a）。图 9-10 是太阳能电池板结构图。

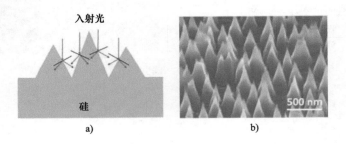

图 9-9　硅表面纳米锥体结构：a）光在硅纳米锥体表面折射和反射示意图；
b）实际纳米锥体结构的电子显微镜照片

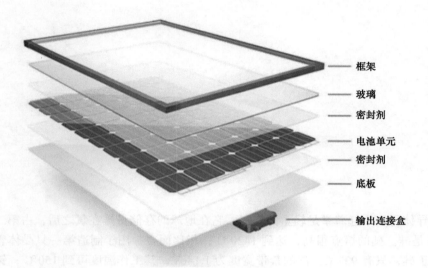

框架

玻璃

密封剂

电池单元

密封剂

底板

输出连接盒

图 9-10　太阳能电池板结构图[6]

参 考 文 献

1 Brennan, K.F. (1999). *The Physics of Semiconductors with Applications to Optoelectronic Devices*. Cambridge University Press pp. 609, 630, 631.

2 Sze, S.M. (1985). *Physics of Semiconductor Devices*, 2e. Wiley pp. 407, 408, 412, 794.

3 Feng, M., Holonyak, N. Jr.,, and Hafez, W. (2004). Light-emitting transistor: light emission from InGaP/GaAs heterojunction bipolar transistors. *Applied Physics Letters* 84 (1): 151–152.

4 Walter, G., Holonyak, N., Feng, M., and Chan, R. (2004). Laser operation of a heterojunction bipolar light-emitting transistor. *Applied Physics Letters* 84 (20): 4768–4770.

5 Chen, Y. et al. (2011). Ultrahigh throughput silicon nanomanufacturing by simultaneous reactive ion synthesis and etching. *ACS Nano* 5 (10): 8002–8012.

6 Moulin. (2018). Important of materials in PV modules: recommended bes t practices to select PV modules. *Energetica India* (09 October).

第 10 章

硅晶圆的制造

　　硅在半导体行业中起着举足轻重的作用，它在地球的存储量排在氧之后，占第二位，地壳中约有 25% 是硅。硅的熔点很高，达到 1420℃；相比而言，用于制造第一只晶体管的锗，其熔点要远低于硅，只有 937℃。硅的禁带宽度为 1.14eV，其工作温度可到 150℃；锗的禁带宽度为 0.67eV，其工作温度低于 100℃，请参考 5.2 节。另外，硅是目前所有半导体中唯一能进行热氧化生长绝缘介质的材料，所生长的绝缘层二氧化硅（SiO_2）有许多独特的性质：第一，它能够和硅紧密黏附在一起，不溶于水，并且即使到达硅的熔点，其还能保持化学稳定性；第二，它的电场击穿强度高，因而具有杰出的绝缘性，并且和硅具有稳定的接触面；第三，它能对硅表面进行钝化，防止表面漏电流；最后一点，它还是有效的扩散阻挡层（以后讨论）[1]。Si-SiO_2 结构在半导体制造领域所扮演的角色如此重要，以至于它们就像是半导体王国中的国王和王后。

　　正因为上述的几点原因，虽然用锗发明了晶体管，但是后来硅取代了锗，并成为半导体行业的主角，直到今日。在此，我们主要用硅和平面工艺作为例子来介绍半导体器件和集成电路的制造工艺。集成电路的设计、制造、测试和封装无疑是当今世界上最为复杂的工艺。一个 CMOS 集成电路的工艺流程包含超过 350 个工艺步骤，需要 6～8 周的时间完成。工艺流程是指在硅晶圆上所进行的一系列化学和物理操作[1]，大部分的操作过程是在洁净室完成的（见图 7-12）。用于半导体工艺中的化学试剂和气体的纯度非常高，气体的纯度达到超高纯，如图 7-13 所示；液体和试剂的纯度可达到半导体级（≥99%）和 CMOS 级（99.5%），至少也要到 ACS（American Chemical Society，美国化学学会）级（≥95%），如图 10-1 所示。工艺中所需要的真空度可低至 10^{-11} 托（Torr），这里的 Torr 是压力单位，一个标准大气压（1atm）= 760Torr，温度范围从液氮（-269℃）到 1200℃。

图 10-1　半导体工艺中使用的液体和化学试剂

用于制造芯片的硅必须是晶体结构（见图 2-4），其纯度也要很高。这一章就来介绍硅晶圆的制造过程。

10.1 从硅石到多晶硅

虽然硅在地壳中的存储量很高，但是它在自然界中不是以纯硅的形式存在，而是以硅石的形式存在（见图 10-2）。硅石的另一个名字是石英岩，其主要成分是二氧化硅，半导体工艺的第一步是把硅从硅石中提取出来。图 10-3 是从硅石到硅晶圆的加工流程。

图 10-2 硅石

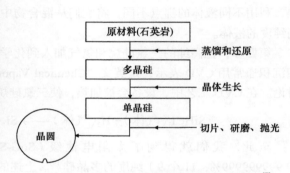

图 10-3 从原材料硅石到硅晶圆的加工流程[2]

第一步，通过还原反应，将原材料提纯到冶金级硅（MGS），硅的纯度约为 98%。方法是将硅石原料和煤或木头碎片等一起放在冶金炉里。图 10-4 是冶金炉示意图。在高温下，煤或木

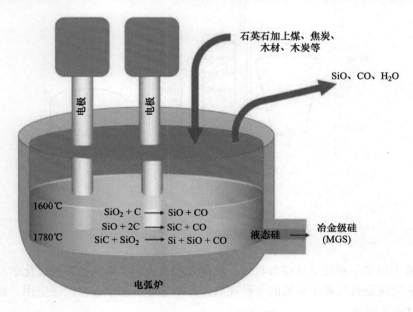

图 10-4 冶金炉示意图[3]

头里的碳就会和硅石里的二氧化硅发生化学反应，从而得到 MGS，化学反应式如下：

$$SiO_2（固体）+ 2C（固体）\longrightarrow Si（固体）+ 2CO（气体） \tag{10-1}$$

第二步，进行第二次化学反应，把 MGS 磨成粉末，用无水氯化氢和 MGS 通过流化床反应器（FBR）进行化学反应，形成三氯硅烷（$SiHCl_3$）：

$$3HCl（气体）+ Si（固体）\longrightarrow SiHCl_3（液体）+ H_2（气体） \tag{10-2}$$

三氯硅烷是易挥发的液体，它的沸点是 31.8℃。由于三氯硅烷的沸点低，很容易采用蒸馏的方式进行提纯。

第三步，经过蒸馏和分离，得到高纯的三氯硅烷。蒸馏的工作原理是对混合的液体进行加热，利用不同液体的沸点不同，将它们从混合物中分离出来。控制好工艺，可以蒸馏并分离出高纯度的液体。

第四步，把高纯的三氯硅烷和氢气加入到化学气相沉积设备，得到高纯的多晶硅。化学气相沉积通常用 CVD 表示，是英文"Chemical Vapor Deposition"的缩写，我们以后会有更多的讨论。在 CVD 工艺中，设备会被加热，使三氯硅烷变成气体，和氢气发生了如下的化学反应：

$$SiHCl_3（气体）+ H_2（气体）\longrightarrow Si（固体）+ 3HCl（气体） \tag{10-3}$$

至此，我们就得到了太阳电池级（SoG-Si-99.9999%），甚至更高的电子级（EGS-99.999999999%，11 个 9）纯度的多晶硅[4]。上述的硅提纯工艺最早是由西门子公司开发，所以这种工艺被称为西门子工艺。图 10-5 是西门子工艺流程简图。

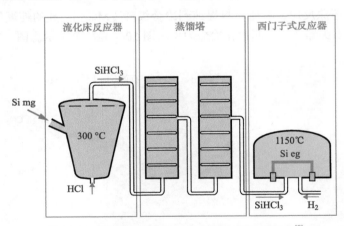

图 10-5　采用西门子工艺生产电子级纯度的硅[5]

10.2　化学反应

上面一节中用了一些化学反应方程式，反应方程式表示了不同物质经过化学反应所产生的新物质。化学反应是自然界中常见的一种现象，在半导体工艺中也被广泛应用，这一节再进一步讨论化学反应的问题。

对于一个原子而言，当最外层价电子的数目是 8 个的时候，这个原子的结构稳定，在元素周期表中（见图 5-1），这类元素列在最右列，第 18 组，分别是氦、氖、氩等共 6 种元素。这组中的氦是个特例，它共有两个电子，也是一个稳定结构。这些元素是以单原子气体的形式存在，由于它们的结构稳定，所以我们称它们为惰性气体。一般而言，惰性气体是不会和其他元素的原子发生化学反应的。在极端条件下，惰性气体也能发生化学反应，但其生成物很不稳定，极易分裂。我们在后面的章节中，会举例说明。从元素周期表中，我们可以看出，绝大多数的元素不满足稳定结构的要求。当结构不稳定的原子相遇时，它们就会进行外层价电子的交换，使价电子数达到 8 个，达到稳定状态，并形成一种化合物分子。一般来说，化学反应通常发生在元素周期表中氧类元素和金属类元素之间。氧类元素有氧、氮、氟和氯等，金属类元素有氢、钠、铝和铜等，它们之间的反应形成的产物叫做化合物。另外，氧类元素的原子之间也能进行电子交换，形成稳定的分子结构，这类的分子大都以气体的形式存在。

氧类原子的价电子个数多，例如氧有 6 个，氟有 7 个；金属类原子的价电子个数少，例如钠有 1 个，铝有 3 个。当氧类原子和金属类原子相遇时，氧类原子就会从金属类原子夺取电子，产生电子转移。电子转移后，氧类原子成为负离子，而金属类原子成为正离子。正负离子互相吸引，通过静电力结合在一起，从而形成化合物分子，这类分子的键是离子键。当氧类原子相遇时，每个原子都贡献出电子，这些电子组成电子对，原子之间通过共享这些电子对而形成分子，其分子键是共价键。图 10-6 分别是共价键的氧气（O_2）分子和离子键的二氧化硅（SiO_2）分子。由于硅有四个价电子，所以它要和两个氧原子结合才能形成稳定的分子 SiO_2。离子键和共价键通称为化学键。除了这两种键之外，还有一

图 10-6 氧气分子和二氧化硅分子

种键——金属键。在金属中，质子对于电子的吸引力较弱，一些电子能够摆脱原子核的束缚，从而形成自由电子。在金属结构中，这些自由电子被其他的正离子共享来形成金属键。

一般来说，在室温下不同物质相遇时，它们的化学反应是很难进行的，其反应速度极慢。之所以这样，一个重要原因就是大部分的物质是以稳定的分子形式存在，例如 O_2、SiO_2 等。我们在中学时就学到过的氢气和氧气反应生成水的实验，当氢气和氧气相遇时，在明火的条件下，它们会发生爆炸反应生成水：

$$2H_2 + O_2 \longrightarrow 2H_2O \qquad\qquad (10\text{-}4)$$

我们不禁会问了：为什么要用明火？要想了解这个问题，我们首先要能明白什么是火。我们常见的火，实际上是氧和碳的化学反应。当我们靠近火时，我们感到热，温度高，这是因为在火内及其附近，空气分子的运动速度快，分子之间的碰撞剧烈。这种碰撞是如此强烈，使得反应物分子之间的化学键被打断，原子最外层的电子被激活甚至电离（见第 2 章）。激活的电子会从高能级返回到低能级，释放出光子，这就是火发光的第一个原因。另外，若电子被电离，电子就会摆脱原子核的束缚，成为自由电子，损失电子后的原子带正电，成为正离子。电子和离子的电荷相反、数量相等，这种状态就是等离子态。等离子态中正负电荷还能重新复合，并释放出光子，这是火发光的第二个原因。不论是分子之间的化学键断裂，电子被激活或电离，这都使得稳定的分子结构变得不稳定，从而容易产生化学反应。从这里我们就明白了为什么氢气

和氧气在明火下才能发生爆炸反应，爆炸反应是指反应速度极快。这里引入了等离子态。在 2.2 节曾提到，自然界中的物质通常存在着三种状态：固态、液态和气态。实际上，物质还存在着第四种状态——等离子态。

从上面的讨论中，我们可以看出，明火的目的是提高温度，使分子之间的相互碰撞加强，从稳定结构变成不稳定结构，来进行化学反应。在半导体工艺中，是不用明火来进行化学反应的，而是对设备进行加热，以实现化学反应，如图 10-5 所示。除了提高温度外，另一种常用的方法是利用等离子体技术，可以实现低温下的化学反应，这个问题我们会在后面的章节中加以讨论。化学反应还有其他的方式，例如利用催化剂来实现化学反应，在此我们就不涉及这个话题了。

10.3 拉单晶

通过西门子工艺，我们得到了高纯的多晶硅，下一步是用切克劳斯基（Czochralski，CZ）法来制造单晶硅，这是目前最常用的生长单晶硅的工艺。

将从西门子工艺得到的多晶硅放入到坩埚里，控制温度刚好超过硅的熔点（1414℃）。根据需要，在熔化的硅里加上硼或磷，以得到 p 型或 n 型硅。该工艺的操作如下，把一个小的单晶硅籽晶固定在一个垂直棒子的下端，将该籽晶浸到熔化的硅表面，缓慢旋转提升，硅就会按照籽晶结构形成单晶。在引力的作用下，一个圆柱状的硅单晶锭就会被拉制出来。整个工艺是在惰性气体氩气的保护下，在石英炉里完成的。由于硅单晶锭是直接拉出来的，所以此方法又被称为直拉单晶法，如图 10-7 所示。切克劳斯基法是由波兰化学家简·切克劳斯基 [Jan Czochralski（1885.10.23—1953.4.22）在 1915 年发明的。

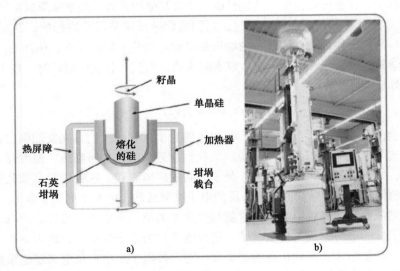

图 10-7   a）切克劳斯基单晶硅直拉炉；b）单晶硅直拉炉设备[3]

10.4　抛光和切片

拉出来的硅锭不是完美的圆形，其直径的分布也不均匀，它必须经过加工才能达到设计的形状和尺寸。通常来说，拉出来的硅锭尺寸有意大一点，经过研磨去掉多余的，最后达到所希望的圆筒形状和直径，如图 10-8 所示。

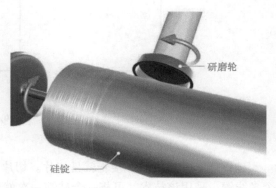

图 10-8　硅锭研磨工艺

硅晶圆的尺寸从 20 世纪 60 年代的 25mm（1in）到 2001 年的 300mm（12in），如图 7-10 所示。从 1in 到 6in（150mm），采用参考面来表示晶向，该参考面还能用于光刻中的对位工艺（后面的章节再介绍）。当尺寸达到 8in（200mm）及以上时，一个小缺口代替了参考面，如图 10-9 所示。还有一些硅晶圆没有参考面和缺口。

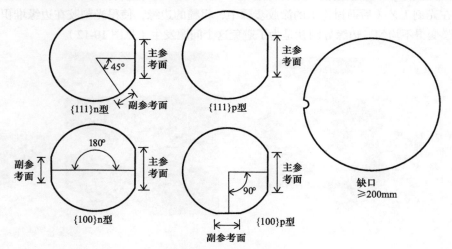

图 10-9　硅晶圆上的参考面[2]

在图 10-9 中，出现了 {100} 和 {111} 的字样，这是指硅晶体的晶面方向。参看图 2-4 的硅晶格示意图，在一个坐标系中，硅晶体分为三个晶面（100）、（110）和（111）。（100）是指只和 X 轴相交的晶面，（110）是和 X 和 Y 轴相交的界面，（111）是和 X、Y 和 Z 三个轴相交的晶面，如图 10-10 所示。表示晶面的整数 100、110 和 111 被称为米勒指数，以纪念英国科学家威廉·米勒 [William Hallowes Miller（1801.4.6—1880.5.20）]，他奠定了现代晶体学的基础。符号 {100} 包括晶面（100）、（-100）、（010）、（0-10）、（001）和（00-1），其他两个符号 {110} 和 {111} 有相同的意义。和晶面类似，[100]、[110] 和 [111] 用来表示晶轴，<100> 表示六个方向 [100]、[-100]、[010]、[0-10]、[001] 和 [00-1]。<110> 和 <111> 有相同的含义。在固体物理学中，硅的晶体结构被归类为金刚石四面体结构。除此之外，半导体材料还有其他的晶体结构，我们在此就不讨论了。

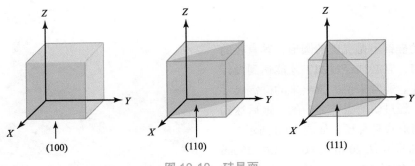

图 10-10   硅晶面

硅锭研磨完成之后，接着就是切片。切片工具包含线锯和内直径（ID）锯。图 10-11 是一个多线锯，采用该技术，可将一个硅锭一次就切成数百个硅晶圆。当一个硅锭被切成一个一个晶圆后，接下来的工艺步骤有晶圆的边缘导圆、激光标记、研磨、抛光和清洗。

切好的晶圆边缘不是很整洁，这容易造成一些不必要的机械损伤，例如在处理晶圆时容易产生碎屑；在光刻工艺（后面讨论）的涂胶步骤中，粗糙的边缘，使得光刻胶在边缘堆积，形成边缘珠，胶膜变得不均匀。边缘导圆就是为了避免这个问题发生（见图 10-12）。

图 10-11   多线锯设备示意图   图 10-12   边缘导圆设备示意图

激光标记，是在晶圆的主参考面或缺口附近刻上数字字母、条形码，或其他标记。根据国际半导体产业协会（Semiconductor Equipment and Materials Institute, SEMI）M1.8 标准，激光标记含有 18 个字符用来表明晶圆制造商、导电类型、电阻率、平整度、晶圆数和适用的器件类型[2]。通过这个可以知道一个单独的晶圆，或一批晶圆，以用来追踪制造过程（见图 10-13）。

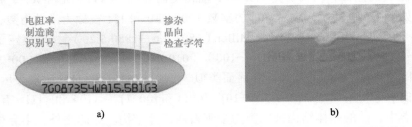

图 10-13   a）晶圆边缘标记包含制造商、电阻率、掺杂等信息；b）硅晶圆上的标记

研磨和抛光工艺包含化学腐蚀和机械抛光，所以该工艺被称为化学机械抛光（CMP）。图 10-14 是这类设备的基本结构。CMP 完成之后，要对晶圆进行湿法刻蚀和清洗，以去除表面的机械损伤和抛光液。刻蚀主要是用化学反应的方法去掉晶圆表面的一些薄层。如果刻蚀是通过液体完成的，这就是湿法刻蚀；如果是通过气体完成的，这就是干法刻蚀。我们会在后面的章节进一步讨论刻蚀问题。此处的步骤是湿法刻蚀。

载板
抛光垫
抛光盘

图 10-14　硅晶圆的 CMP 设备结构

对于硅晶圆来说，RCA 清洗是一套标准清洗步骤。该清洗方法是一个叫沃纳·肯（Werner Kern）的工程师于 1965 年开发的，他当时在美国无线电公司（Radio Corporation of America, RCA）工作。图 10-15 是 RCA 清洗流程。溶液 H_2SO_4/H_2O_2（硫酸 / 双氧水）在半导体工艺中被称为 piranha（食人鱼）。

CZ 法是目前用于生产硅晶圆最经济的方法，这类晶圆被称为 CZ 晶圆，用于通用器件的制造。但它有个主要问题，由于硅锭是从石英坩埚拉出来的（见图 10-7a），在硅锭中，总是存在着氧沾污，石墨坩埚被用来避免这种沾污，但它能产生碳掺杂，所以，CZ 法很难获得电阻率高于 100Ω·cm 的晶圆。悬浮区熔（FZ）法是用来制造高纯度的硅，一个圆柱形多晶硅锭，固定在一个电感线圈上，通过线圈的 RF 电磁场，从锭的底部开始熔化硅，通过线圈上的一个小孔，单晶硅就在孔的下方生产出来。除了周围的气体和已知晶向的籽晶外，硅锭不和工艺室的任何部件接触，所以，FZ 法晶圆的电阻率可高达 $1 \times 10^4 \Omega \cdot cm$[3]。通过 FZ 法制造的硅晶圆，是制造功率器件的理想材料（见图 10-16）。

为了满足一些器件例如 MOSFET 的严格的工艺要求，在抛光好的硅晶圆表面，应用外延技术，生长一层薄的、无缺陷晶体膜。外延材料本身就没有氧和碳，而且还有一些其他的优势和选择，例如掺杂分布可控以及突变的杂质变化；p 型硅上外延 n 型层，n 型硅上外延 p 型层[3]。如图 10-17 所示，外延生长时，硅晶圆固定在一个接收台上，用红外灯将其加热到一个很高的温度，仔细控制工艺气体流量和温度，得到一层符合要求的外延材料。

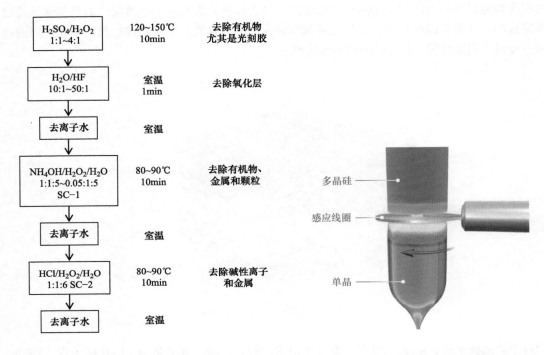

H_2SO_4/H_2O_2 1:1~4:1	120~150℃ 10min	去除有机物 尤其是光刻胶
H_2O/HF 10:1~50:1	室温 1min	去除氧化层
去离子水	室温	
$NH_4OH/H_2O_2/H_2O$ 1:1:5~0.05:1:5 SC-1	80~90℃ 10min	去除有机物、 金属和颗粒
去离子水	室温	
$HCl/H_2O_2/H_2O$ 1:1:6 SC-2	80~90℃ 10min	去除碱性离子 和金属
去离子水	室温	

多晶硅

感应线圈

单晶

图 10-15   RCA 清洗流程[1]

图 10-16   悬浮区熔法示意图

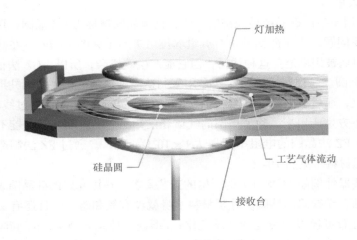

灯加热

硅晶圆

工艺气体流动

接收台

图 10-17   外延设备示意图

　　至此，从硅石到硅晶圆的整个工艺流程就介绍完了。根据不同的需要，硅晶圆可以是单面抛光，也可以是双面抛光。出厂的硅晶圆被放置于晶圆架上，并把带有硅晶圆的晶圆架放到一个盒里，密封后就可以发货。一个晶圆架可以放 25 个硅晶圆，在盒子的外面贴有一个标签，上面有硅晶圆参数说明。图 10-18 是 2in 硅晶圆的照片，从标签上，我们能够找到公司的名字、生产日期、B 掺杂、p 型、直径从 1.985 ～ 2.015in、电阻率从 0.12 ～ 0.25Ω·cm、晶向（111），以及厚度从 0.012 ～ 0.014in（304.8 ～ 355.6μm）。由于这盒硅晶圆是 1979 年制造的，所以标签上的文字是用手写的。图 10-19 是 8in 硅晶圆的照片，盒上的标签是打印的，从上面我们能看到类似的参数信息。图 10-20 是 8in 和 2in 硅晶圆的照片。2in 的是 p 型（111）硅晶圆，所以它有一个主参考面，而 8in 的有个缺口。

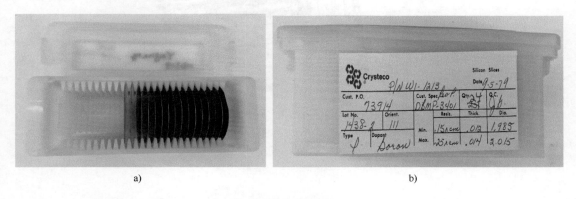

a)　　　　　　　　　　　　　　　　b)

图 10-18　2in 硅晶圆包装盒以及参数标签

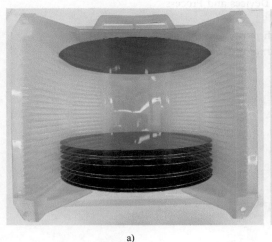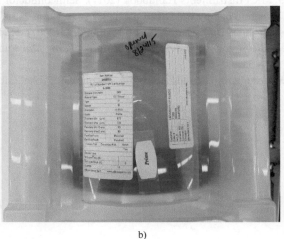

a)　　　　　　　　　　　　　　　　b)

图 10-19　8in 硅晶圆包装盒以及参数标签

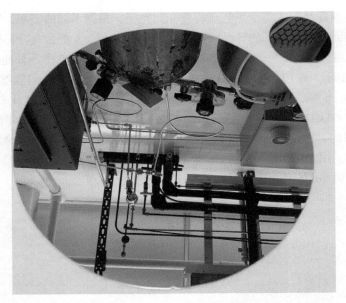

图 10-20   8in 和 2in 硅晶圆

参 考 文 献

1 Wolf, S. (2004). *Microchip Manufacturing*. Lattice Press, p. 214, p. 55, p. 133.

2 Wolf, S. and Tauber, R.N. (2000). *Silicon Processing for the VLSI Era*, Process Technology, Lattice Press, 2e, vol. 1, p. 6, p. 438, p. 23, p. 24.

3 MKS Instruments Handbook (2017). Semiconductor Devices and Process Technology by the Office of the CTO, p. 19, p. 21, p. 22, p. 32.

4 Hashim, U., Ehsan, A.A., and Ahmad, I. (2007). High purity polycrystalline silicon growth and characterization. *Chiang Mai Journal of Science* 34 (1): 47–53.

5 Jfermin70, "From sand to the silicon wafer", Steemit.

第 11 章

工艺的基本知识

集成电路的制造流程主要分为三部分：设计、制造和测试。设计是通过各种设计软件来完成；制造是通过各种工艺来实现；测试是利用不同的测试设备和方法来进行。如第 10 章的开头所说，一个现代的工艺流程包含超过 350 个工艺步骤，有许多的步骤是重复的。本书包含很少的设计和测试的内容，在以下的章节中，我们主要讨论在半导体工艺中常用的技术。大部分的工艺流程采用的是平面技术（见图 7-15）。随着集成电路越来越复杂，电路的互连层数也越来越多。图 11-1 是 45nm CPU 的局部剖面图，图中显示出 9 层金属互连（M9）。关于金属互连，我们会在以后的章节中讨论。

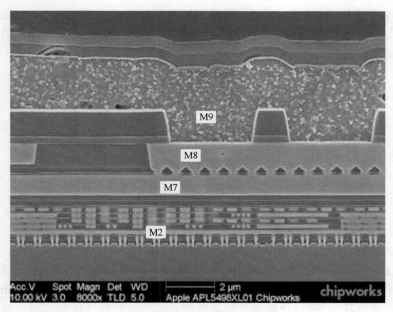

图 11-1　CPU 的局部剖面图 [1]

半导体芯片制造工艺主要包括光刻、刻蚀、沉积、掺杂和封装，光刻、刻蚀和沉积这些技术会被反复使用。这一章将对集成电路的整体结构、光刻中需要了解的光学知识和为什么在工艺中使用等离子体技术做个简单的介绍。

11.1 集成电路的结构

这一节我们用 MOSFET 为例来描述集成电路的
结构。图 6-13 是这种器件的侧面示意图，其顶视图
如图 11-2 所示，该图是 n 沟道 MOSFET，p 沟道的
和 n 沟道的顶视图类似。器件中的 n^+、源极、漏极和
栅极的图形是由光刻完成；n^+ 是指 n 型重掺杂，通常
由磷的掺杂来完成，可采取注入或扩散的方法；器件
上的介质层 SiO_2 可由化学气相沉积（Chemical Vapor
Deposition，CVD）或热氧化的方法完成；源区和漏
区的 SiO_2 用刻蚀的方法去除；源极、漏极和栅极的
金属用沉积的方法完成，沉积是采用物理气相沉积
（Physical Vapor Deposition，PVD），主要包括蒸发和
溅射技术。

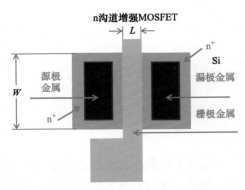

图 11-2 MOSFET 的顶视图

MESFET 也和 MOSFET 有类似的顶视图。在半导体晶圆上制造器件，器件和器件之间要
进行电隔离。硅器件常采用 SiO_2 隔离，而 III - V 族器件常采用质子注入的方法。当硅器件的特
征尺寸大于 0.25μm 时，采用局部硅氧化（Local Oxidation of Silicon，LOCOS）技术；当硅器
件的特征尺寸小于或等于 0.25μm 时，采用浅沟槽隔离（Shallow Trench Isolation，STI）技术，
如图 11-3 所示。图中 STI 区域是 SiO_2。在早期技术中，栅极金属通常是铝来制造，当代则是用
重掺杂的多晶硅来取代。

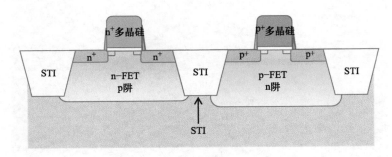

图 11-3 采用 STI 技术制造的 CMOS 结构示意图[2]

当在晶圆上完成基本的器件——晶体管、二极管、电阻和电容的制造，并互相隔离之后，
就要在这些器件上用 CVD 的方法沉积 SiO_2 膜作为层间介质（Interlevel Dielectric，ILD）。在
ILD 上开通孔（连接孔），通过这些通孔用金属将互相独立的器件连在一起，就成了集成电路
（IC）。这种将器件连接在一起的技术叫做互连技术，并把这部分称为互连层。图 11-4 是 PMOS
和 NMOS 之间的互连层示意图。该示意图只是一层互连。图 11-1 的 9 层互连也不能满足现在
集成电路复杂性的要求，例如，英特尔 14nm 芯片就设计了 13 层互连[3]。通常情况下，晶体管、
二极管、电阻和电容做在晶圆的第一层，通过第一层的互连完成基本的逻辑门（见图 6-16）；

下一步，通过第二层的互连，将这些基本的逻辑门连成基本的功能单元。再下一步，通过第三层互连，将这些功能单元连成更复杂的单元；以此类推，最后形成一个达到设计要求的完整的电路。

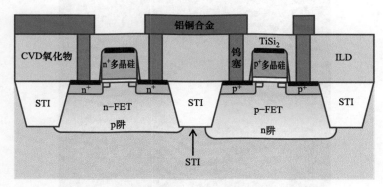

图 11-4　PMOS 和 NMOS 之间的互连层示意图

如上讨论，不论多么复杂的集成电路，其主要的工艺步骤包括：①光刻用于完成电路的平面结构；②沉积用于生长介质膜或金属膜；③刻蚀用于去除一些特定区域的介质或金属膜；④扩散和注入用于完成电路的 n 型和 p 型掺杂；⑤测试和封装用于完成集成电路的最后产品。所有的半导体工艺都遵循化学和物理的基本原理，工艺和设备的设计也是从这些原理出发的。

11.2　光学系统的分辨率

在所有的工艺中，光刻是最重要的，因为它决定了集成电路的技术节点（见 7.3 节）。光刻工艺是由光刻机来完成，光刻机发出的紫外光，通过光刻掩膜版将设计的图形复制到晶圆表面。大多数的光刻机是一套复杂的光学及其控制系统，光刻机的分辨率决定着技术节点。我们在 8.3 节中介绍了光的反射和折射，除此之外，光还有一个重要的特性——衍射。衍射是波的一个特性，光的衍射是和光学系统的分辨率联系在一起的。

当一束平行光通过一个缝隙或孔时，光并不会继续沿着直线传播，而会发散，如图 11-5 所示。缝隙越宽，或孔的直径越大，光线发散的角度越小；缝隙越窄，或孔的直径越小，光线发散的角度越大。这就是光的衍射。当代集成电路的特征尺寸非常小，也就是说光刻工艺中所使用的光刻掩膜版，其上面的一些图形的尺寸非常小。这些图形是由一系列的小缝隙和小圆孔组成，光线通过它们时，就会产生衍射。我们会在后面的章节继续讨论光刻机和光刻掩膜版。

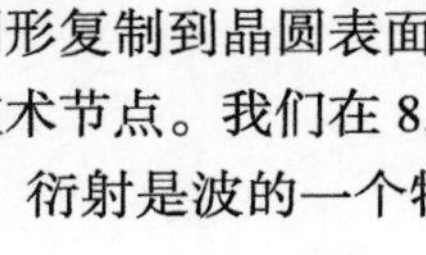

光线

图 11-5　光的衍射

以小孔为例，由于衍射，穿过小孔之后的光线，其强度分布是不均匀的，中间是明亮的大斑，周围是亮度较暗的圆环，这就是衍射图形，如图 11-6 所示。中间光强最大的区域被称为艾里斑，以纪念英国科学家乔治·比德尔·艾里爵士 [Sir George Biddell Airy（1801.7.27—1892.1.2）]。艾里斑的半径是指从斑的中心位置到衍射图形的第一个光强为零处。图 11-6 画出了艾里斑的直径。

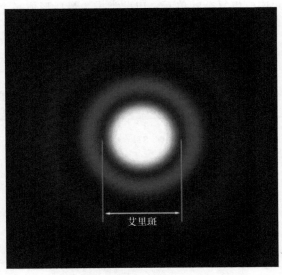

图 11-6　光衍射强度分布图和艾里斑[4]

通过光的衍射，我们可以推导出光学系统的分辨率。如图 11-7 所示，当两个光源（光源 1 和光源 2）通过一个小孔照射到一块屏幕时，在屏幕上会出现两个衍射图像。衍射图像如图 11-8 所示。刚好分辨是指一个艾里斑的中心峰值刚好落在另一个艾里斑的第一个光强为零处。如果我们用 θ 来表示进入到小孔的两条光线的夹角，r 来表示两个光斑的距离，那么当满足下面的公式时：

$$\theta = 1.22\frac{\lambda}{D} \tag{11-1}$$

$$r = \frac{1.22\lambda}{2n\sin\theta} = \frac{0.61\lambda}{NA} \tag{11-2}$$

θ 是两个光斑刚好分开时的最小角度，是小孔中心到艾里斑角度的一半，在图 11-7 中用 θ_{min} 表示。r 是两个光斑刚好分开时两个艾里斑中心的最短距离，这个数值就是艾里斑的半径，在图 11-8 中用 r_{min} 表示。

式（11-1）和式（11-2）就是瑞利判据，是由英国科学家约翰·威廉·斯特拉特、第三代瑞利男爵 [John William Strutt，3rd Baron Rayleigh（1842.11.12—1919.6.30）] 提出的。公式中的 λ 是入射光的波长，D 是小孔的直径，n 是周围光学介质的折射率，NA 被称之为数字孔径：

$$NA = n\sin\theta \tag{11-3}$$

如果把式（11-1）～式（11-3）用到光刻机的设计上，就会看到，要想得到小的分辨率，就得需要短波长的光源、大尺寸的光学镜头。通常镜头周围的介质就是空气，我们如果把镜头浸入折射率高于空气的介质中，数值孔径就会变大，系统的分辨率也会提高。我们会在以后的章节继续讨论。

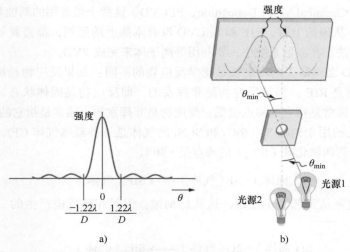

图 11-7　两个光源通过一个小孔的分辨率示意图

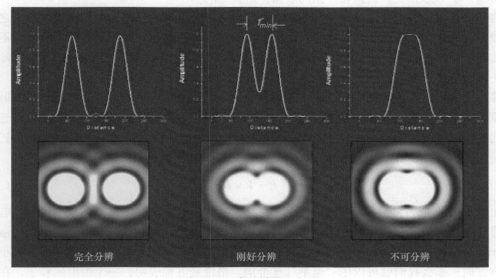

图 11-8　瑞利判据示意图

如果光学介质是空气，根据式（11-3），最大的数值孔径 NA 是 1。对于一个暴露在空气中的显微镜来说，这也是我们最常遇到的情况，数值孔径的极限接近于 $NA = 0.87$[5]。我们会在以后章节继续讨论。

11.3　为什么在工艺中使用等离子体

我们前面说了，刻蚀和沉积也是半导体工艺的主要部分。在这些工艺中，等离子体技术是常用的手段，例如反应离子刻蚀（Reactive-Ion Etching，RIE）和等离子体增强化学气相沉积

（Plasma-Enhanced Chemical Vapor Deposition，PECVD）这两个最常用的刻蚀和沉积技术就采用了等离子体方法。从理论上讲，RIE 和 PECVD 没有本质上的区别，都需要等离子，都主要是采用化学反应的方法。在溅射系统中，要利用等离子体来完成 PVD。

RIE 和 PECVD 之间最大的区别就是化学反应物的不同：如果反应物是挥发的，即反应物是气体状态，它就是 RIE；如果反应物是非挥发的，即反应物是固体状态，它就是 PECVD。反应物是挥发的，通常是指它的沸点很低；反应物是非挥发的，通常是指它的沸点很高。例如，在 RIE 中，最常见的用于刻蚀 Si、SiO_2 和 Si_3N_4 的气体是三种氟基气体 CF_4、CHF_3 和 SF_6。氟和硅反应后，其产物四氟化硅（SiF_4）的沸点是 $-86℃$：

$$Si（固体）+ 4F（气体）\longrightarrow SiF_4（气体）\tag{11-4}$$

SiF_4 可以通过泵从工艺室中抽走，这就是刻蚀。但氧和硅反应产生的二氧化硅的沸点是 2950℃：

$$Si（固体）+ 2O（气体）\longrightarrow SiO_2（固体）\tag{11-5}$$

SiO_2 不会被泵抽走，会留在样品的表面，这就是沉积。

在上一章曾说过，为了使化学反应能在稳定的分子之间顺利进行，我们得促使分子之间互相碰撞，打断化学键，激活外层电子。使分子之间互相碰撞的方法之一是升温，但由于不同化学键的强弱不同，打断这些化学键所需的温度不同，有时所需要的温度会很高，这在实际操作时有一定的困难。

除了用升温的方法外，另一种是采用电场和磁场。在第 4 章中，我们曾讨论过电场和磁场，它们都是矢量场，电场用大写黑体 E 表示，磁场用大写黑体 B 表示。当一个电荷 Q 以速度 V 进入到电磁场时，它所受的力 F 叫做洛伦兹力，并且满足洛伦兹方程，注意速度和力都是矢量，所以是用黑体字母表示：

$$F = Q(E + V \times B)\tag{11-6}$$

上面的方程是矢量运算，式中的叉号 $\times$ 表示电荷受力方向和磁场方向成 90° 角，电场前面没有 $\times$，表示电荷受力方向和电场方向一致。这个方程是由荷兰物理学家亨德里克·洛伦兹 [Hendrik Lorentz（1853.7.18—1928.2.4）] 首先提出的。对于速度而言，如果只考虑其大小，而不考虑方向，那么我们就可以用"速率"这个词。洛伦兹方程表明，一个带电的粒子，在电磁场中，会受到力的作用产生加速度，改变方向。这个粒子可以和围绕它的其他粒子互相碰撞，产生和提高温度一样的效果。通常情况下，室温下的分子是电中性的，一个中性粒子是不会受到电磁场作用力的。但实际情况下，由于热运动，气体和液体分子还是随意地向各个方向运动。固体由于晶格的限制，原子只能在晶格附近做热振动。在半导体制造中，RIE 和 PECVD 这些工艺主要是用气态化学物质来完成刻蚀和沉积的，所以在这一节里我们就用气体为例来说明在电磁力的作用下，等离子体是如何产生的。

如上所述，室温下的气体分子是有运动的。表 11-1 所列出的是在 20℃时一些常用气体的平均热运动速度。表中的马赫数是一个物体的速度和声速之比，是以奥地利物理学家恩斯特·马赫 [Ernst Mach（1838.2.18—1916.2.19）] 的名字命名。

$$M = \frac{u}{v} \tag{11-7}$$

式中，M 是马赫数；u 是物体速度；v 是声速。

　　从该表中可以看到，室温下的气体平均热运动速度都超过了声速，它们之间也会产生碰撞，并会产生一些离子和电子，另外，宇宙射线也能产生一些离子和电子。但是这样产生的带电离子的浓度很低，这就是为什么室温时化学反应的速度很慢。但如果加上电磁场，并且电磁场的能量超过一定的界限时，这些浓度很低的离子，尤其是电子，在电磁场的加速下，就会以更快的速度碰撞其他的分子，打断更多的分子键，激活更多的电子。当离子和激活的电子超过一定浓度时，就会激发发光的等离子体，这个过程就叫做离子化。离子化的一个例子是雨天时的闪电，就是云层之间的高强电场，触发了空气分子的等离子体产生。等离子体的产生，使得化学反应能在室温下，甚至更低的温度下进行。

　　在实际工艺中，我们是把所选好的气体通入到工艺室中，对工艺室加上电场或磁场，在工艺室内产生等离子体。在第 4 章的讨论中，我们揭示出电场是和电容相关联，而磁场是和螺旋管线圈相关联。所以在设计能产生等离子体的工艺室时，只有两种结构可以采纳：电容结构和电感结构。这两种结构可以单独使用，也可以混合使用。

表 11-1　20℃时一些常用气体的平均热运动速度 [6]

气体	化学符号	平均速度 /（m/s）	马赫数
氢气	H_2	1754	5.3
氦气	He	1245	3.7
水蒸气	H_2O	585	1.8
氮气	N_2	470	1.4
空气		464	1.4
氩气	Ar	394	1.2
二氧化碳	CO_2	375	1.1

参 考 文 献

1 Shimpi, A.L. (2012). Apple A5X die size measured: 162.94 mm², Samsung 45 nm LP confirmed. AnandTech, March 16.

2 Wolf, S. (2004). *Microchip Manufacturing*, 67–69. Lattice Press.

3 Hruska, J. (2014). Intel's 14 nm Broadwell chip reverse engineered, reveals impressive FinFETs, 13-layer design. ExtremeTech.

4 Ghoushchi, V.P. (2015). Opto-mechanical design and development of an optodigital confocal microscope. University of Murcia, M.Sc. Thesis. p. 9.

5 Numerical Aperture. Nikon, Microscopy, The source for microscopy education.

6 Pfeiffer Vacuum Technology, 1.2.4 Thermal velocity. pfeiffer-vacuum.com.

第 12 章

光 刻 工 艺

光刻是在半导体衬底表面、沉积的金属表面或介质表面制作器件图形。当图形完成后，其他工艺会紧随其后，例如刻蚀、沉积等。图 12-1 是光刻工艺流程的简单示意图。示意图显示的光刻工艺和我们原来使用胶卷摄影的过程类似，但它们主要有三个不同点：①涂有光刻胶的晶圆取代了涂有感光胶的胶卷；②光刻掩膜版取代了景物；③紫外光取代了阳光。胶卷摄影时，胶卷感受到景物不同的光强，就是说胶卷上接受的光强是不均匀的；光刻时，紫外光通过光刻掩膜版的窗口，照到光刻胶的强度是均匀的。下面我们就根据这个示意图对光刻工艺进行讨论。

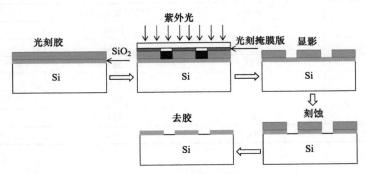

图 12-1　光刻工艺流程示意图

12.1　光刻工艺的步骤

当拿到一个半导体晶圆或一片半导体衬底，需要做光刻工艺时，通常是按图 12-2 所示的步骤进行。

12.1.1　清洗

当拿到一个晶圆或一小片半导体材料时，为了避免对工艺的污染，我们首先要对它们进行清洗。在第 10 章中，我们曾讨论过 RCA 清洗（见图 10-15），这是硅晶圆的标准清洗方法，这种方法可用在纯的硅晶圆、硅晶圆和二氧化硅以及硅晶圆和氮化硅的清洗上。但对于

Ⅲ-Ⅴ族半导体材料（见第 5 章），以及已完成金属工艺的硅晶圆来说，就不能采用 RCA 清洗，因为这种清洗液能腐蚀化合物半导体材料和金属。这时常用的清洗方法是使用有机溶剂，可采用浸泡或冲洗的方法。首先使用丙酮，接着使用酒精或异丙醇（IPA），最后用去离子水冲洗。另外，由于 RCA 清洗复杂，使用危险，所以在要求不严的情况下，也可以用有机溶剂来清洗硅晶圆、硅晶圆和二氧化硅，以及硅晶圆和氮化硅。不论什么方法，最后的步骤是用去离子水冲洗。冲洗完之后，要用氮气枪吹干，或用甩干机甩干（见图 12-3）。

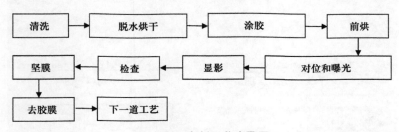

图 12-2　光刻工艺步骤图

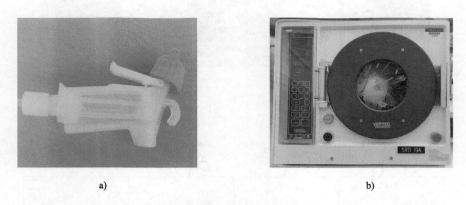

a)　　　　　　　　　　　　　　　　b)

图 12-3　氮气枪（图 a）和甩干机（图 b）

12.1.2　脱水烘干

清洗的最后一步是用去离子水冲洗，虽然之后用氮气枪吹干或用甩干机甩干，但是晶圆或小片表面还会有水迹残留，我们需要对表面进行脱水。脱水的方法主要有两种，把样品放入到真空室进行真空脱水，或者用热板（Hotplate）升温脱水。热板使用起来简单便宜，所以大部分的情况下是用热板进行脱水烘干。热板照片如图 12-4 所示。

为了进一步了解脱水的必要性，我们需要对材料表面的亲水性和疏水性进行简单的介绍。当固体表面和液体接触时，会出现两种情况：一是表面的亲水性；另一个是表面的疏水性，如图 12-5 所示。对于液态水，SiO_2（氧化层）是亲水表面，硅是疏水表面，但当硅暴露在空气中一段时间后，其表面会生长出一层自然氧化层，所以通常也是亲水表面。当带有氧化层或者自然氧化层的硅放在空气中一段时间后，它们的表面就会吸附一层水分子。光刻中使用的光刻胶是疏水性的。当带有水分子的亲水表面和疏水材料接触时，其黏附性很差。也就是说，由于 SiO_2 的亲水性，其吸附的水分子会使它和光刻胶的黏附性很差，不能进行正常的光刻工艺，所以需要脱水烘干。表面水分子脱离吸附的温度在 150 ~ 200℃ [2]。一个建议的烘干条件是，热板温度 150 ~ 200℃，时间 15 ~ 10min。

图 12-4　热板照片

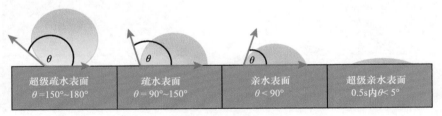

图 12-5　材料表面的亲水性和疏水性示意图[1]

12.1.3　涂胶

光刻胶（Photoresist，PR）是用于光刻工艺的光敏有机材料，常用的有两种胶——正性光刻胶（Positive PR）和负性光刻胶（Negative PR）。如果曝光的区域能够被显影液去掉，不曝光的区域不能够被显影液去掉，就是正性光刻胶，简称正胶，图 12-1 就是正胶；如果曝光的区域不能够被显影液去掉，不曝光的区域能够被显影液去掉，就是负性光刻胶，简称负胶。有时我们不分正胶和负胶，简称为胶，如图 12-6 所示。为了进一步提高胶和晶圆或衬底表面的黏附性，在涂胶之前，首先在晶圆或小片表面涂一层黏合剂。常用的黏合剂是 HMDS（六甲基二硅氮烷）。图 12-7a 是 HMDS，图 12-7b 是用于电子束光刻的胶 PMMA（聚甲基丙烯酸甲酯）。

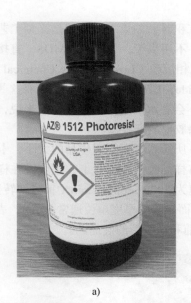

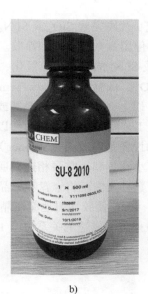

a)   b)

图 12-6　正性光刻胶（图 a）和负性光刻胶（图 b）

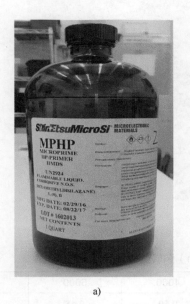

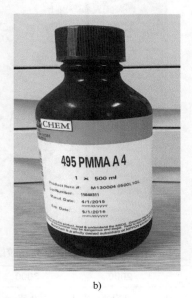

a)   b)

图 12-7　HMDS（图 a）和电子束光刻胶 PMMA（图 b）

　　上一节中讨论了脱水烘干，虽然如此，在烘干之后，样品表面还有可能残留少量的水，或者氢氧根（OH⁻），这些都会对胶的黏附性产生不利的影响。HMDS 能移走表面残留的水以及氢氧根，并和表面结合。这样当光刻胶涂在含有 HMDS 的晶圆或小片表面时，其黏附性就会提高。

当晶圆或小片刚完成 SiO_2 或 Si_3N_4 的生长或沉积时，如果下一步就是光刻工艺，就不要把样品放在室内停留过久，要立即涂胶。不用清洗，不用烘干，不用涂 HMDS，直接涂胶。我们常用的 SiO_2 或 Si_3N_4 的工艺是热氧化、低压化学气相沉积（Low Pressure Chemical Vapor Deposition，LPCVD）、低温氧化（Low Temperature Oxide，LTO）和 PECVD。所有这些工艺的温度都是在 250℃ 以上，刚完成后，晶圆或衬底表面不会有水的痕迹，而且一般来说，设备内部的洁净度要高于工艺间（见 7.4 节），所以可以省去涂胶前的那些步骤。

涂胶用的设备是甩胶机（Spinner），如图 12-8 所示。根据不同样品的大小，卡盘的尺寸不同。卡盘上有小孔，和真空泵相连，通过真空，将样品吸附在卡盘上，把胶滴在样品表面，一个电动机会在数秒之内就将卡盘和样品加速到转速为 2000 ~ 6000r/min（每分钟转数），并维持这个转速 30 ~ 60s，使胶均匀地涂在晶圆或衬底表面。胶的厚度单位通常是 μm。表 12-1 是 AZ 1500 系列正胶厚度和转速的关系。图 12-9 是涂胶前和涂胶后的硅晶圆。

图 12-8 甩胶机

表 12-1 AZ 1500 系列正胶厚度（μm）和转速（r/min）的关系 [3]

转速	2000	3000	4000	5000	6000
AZ 1505	0.71	0.58	0.50	0.45	0.41
AZ 1512HS	1.70	1.39	1.20	1.07	0.98
AZ 1514H	1.98	1.62	1.40	1.25	1.14
AZ 1518	2.55	2.08	1.80	1.61	1.47
AZ 1529	4.10	3.35	2.90	2.59	2.37

图 12-9 涂胶前（左图）和涂胶后（右图）的硅晶圆

12.1.4 前烘

当完成甩胶机涂胶后，样品需要前烘，也叫做软坚膜。这一步的目的是去除胶中的大部分溶剂，使胶变硬，以便于下一步的对位和曝光。一般来说，瓶子里的胶含有 65%～85% 的溶剂，使得胶比较稀，能顺利完成涂胶这一步。涂胶完成后，溶剂的含量会降到 10%～30%，但此时的表面还是很黏，不能进行对位和曝光。前烘完成之后，胶中的溶剂会减少到 5%[2]，胶的表面变硬，使对位和曝光能顺利进行。另外，前烘能提高胶和样品的黏附性，这有利于曝光之后的显影。

大多数情况下，前烘的温度为 90～120℃；根据胶的厚度和热板的温度，时间为 1～5min。

12.1.5 对位和曝光

前烘完成之后，就要进行对位和曝光。对位是在光刻机上用光刻掩膜版对准晶圆或衬底表面上已做好的图形，早期是人工对位，现在大多采用自动对位，但在大学的实验室和洁净室，主要还是采用人工对位。图 12-10 是一台光刻机的照片。图 12-11 是一块光刻掩膜版的照片。光刻掩膜版上的棕色区域是不透明的，光刻机发出的紫外光穿不过该区域；白色部分是透明的，紫外光通过该区域对下面的光刻胶曝光，把版上的图形传送到胶上。为了方便观察，在此特意找了一个图形大的光刻掩膜版为例来进行说明。也请参考图 12-1。

图 12-10 是一台接触式光刻机，接触式指光刻掩膜版和样品接触在一起，这种光刻机还能进行非接触的接近式曝光。另外还有远距离非接触式光刻机，现在生产上广泛使用的投影光刻机就是远距离非接触式光刻机。图 12-12 是三种曝光模式示意图。投影式通常使光刻掩膜版的图形减少 4 倍或 5 倍投射到晶圆表面。投影光刻分为两种模式：一种是步进式，曝光时只动晶圆步进和重复；另一种是扫描式，曝光时光刻掩膜版和晶圆都动步进和扫描。

图 12-10　EVG 620 光刻机

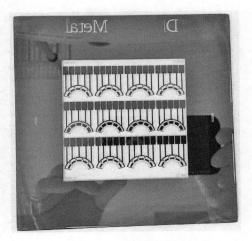

图 12-11　光刻掩膜版

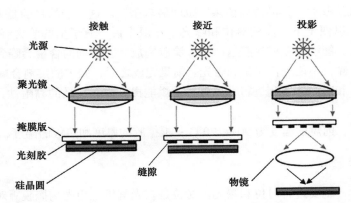

图 12-12　曝光系统的三种模式：左边的接触式，光刻掩膜版和胶直接接触；中间的接近式，光刻掩膜版和胶之间有个小缝隙；右边的投影式，在样品和光刻掩膜版之间有个光学透镜 [4]

　　接触式能得到高的分辨率，但胶表面的缺陷密度高，这是因为如果胶表面有小的颗粒脏点，一旦光刻掩膜版和样品接触，这个小颗粒的破坏面积就会成倍地提高。另外，接触式便宜，光的衍射效应小。

　　接近式所能得到的最小结构尺寸要大于接触式的，这是由于衍射降低了这种系统的分辨率，但胶表面的缺陷较少。

　　投影式的分辨率高，胶表面缺陷浓度低。以步进机为例，工作时，光刻机把版上的图形缩小数倍后投到晶圆或小片的某个区域，然后晶圆或小片移动位置，光刻机再把图形投到新的位置。就这样，一步一步地重复，最后将这个图形做满整个晶圆表面。我们可以想象，在电路图形面积一定的情况下，晶圆面积越大，同样的曝光工艺，做出的电路数量就多，成本就低，使得产品价格便宜，所以晶圆尺寸变得越来越大（见图 7-10）。

有不同类型的光源用于产生紫外光。高压汞灯曾被广泛用于半导体的光刻工艺，由于该光源便宜，容易操作，至今仍被广泛地用于大学的实验室和洁净室。图 12-13 是一个高压汞灯的照片，当汞灯点着后，灯内汞气的压力可达到 40atm[2]，这就是为什么我们称它为高压汞灯。图 12-14 是高压汞灯光谱图。光谱中，有三个发光的峰值，波长分别是 436nm、405nm 和 365nm，这三个波长分别被命名为 G 线、H 线和 I 线。三条谱线中，I 线波长最短，根据瑞利判据，它的分辨率最高，所以目前光刻系统中，大部分采用 I 线。汞灯光谱中，546nm 和 312～313nm 也是两个峰值较高的谱线，但由于它们的峰值小于 G 线、H 线和 I 线，其输出功率小，需要曝光的时间就长。另外，546nm 波长长，也不利于小特征尺寸的器件制造，所以 546nm 和 312～313nm 两条谱线在工艺中用得不多。光刻掩膜版的材料多用石英玻璃。

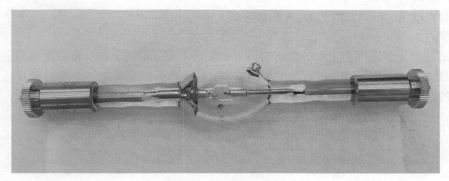

图 12-13 高压汞紫外光灯

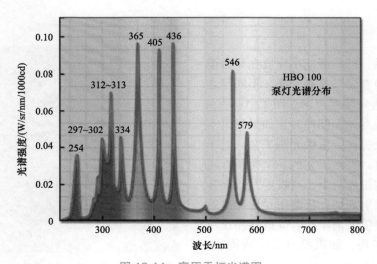

图 12-14 高压汞灯光谱图

12.1.6 显影

曝光之后，把晶圆或小片放到显影液里，把潜在的图形显示出来，成为光刻胶上的器件图形，为下一步的工艺做好准备。图 12-15 是负胶和正胶显影液。显影液一般是碱性水溶液，它们是基于稀释的氢氧化钠或氢氧化钾溶液，这两种类型的显影液是含金属离子（MIC 或 MIB）的；另一种是不含金属离子（MIF）的，大部分是基于有机的 TMAH 溶液。对于 AZ 系列光刻胶，正胶可用 AZ MIC 或 MIF 显影液，负胶只能用 MIF 显影液。负胶的另一种显影液是特殊的有机溶剂，例如图中的 SU-8 显影液就是这种类型。

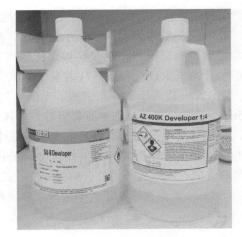

图 12-15　负胶显影液（左图）和
正胶显影液（右图）

显影之后，正胶图形是上面的显影窗口大于底部（靠近衬底）的，负胶图形是上面的显影窗口小于底部的，如图 12-16 所示。图 12-17 是正胶显影后侧面的电子显微镜照片。如果想得到更陡直的窗口，一个简单的办法是适当增加曝光时间，缩短显影时间。

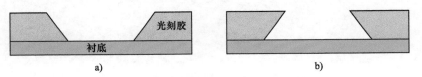

图 12-16　显影之后光刻胶的侧面图：a）正胶；b）负胶 [5]

12.1.7 检查

显影结束后，把晶圆或小片放在显微镜下进行观察，检查窗口是否干净，不同层之间的对位是否达到精度要求。图 12-18 是一台显微镜和被观察的晶圆照片。如果结果不满意，就要把胶去掉，重做光刻工艺。对于大部分的胶而言，重做工艺的一个简单方法是，把样品放在甩胶机上，当机器开始旋转时，先用丙酮喷射表面，接着用异丙醇喷射表面，千万不要喷去离子水。等机器停止转动，观察样品表面，如果没有胶的残留物，就可以涂新的胶层。

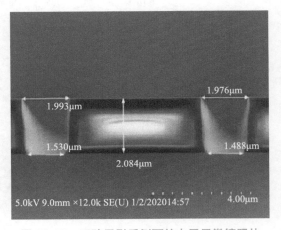

图 12-17　正胶显影后侧面的电子显微镜照片

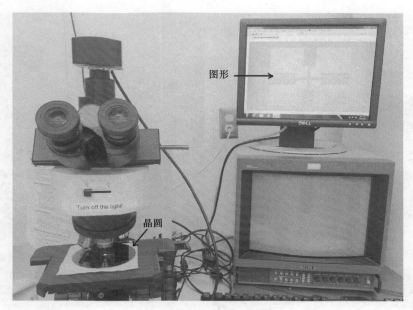

图 12-18 显微镜下检查样品的图形

12.1.8 坚膜

该步骤也称之为硬坚膜。大部分情况下，显影的最后一步是用去离子水冲洗。对于有机显影液，最后一步一般是用异丙醇清除显影液。坚膜的目的是去除残留的水或有机溶剂，并使光刻胶继续固化，为下一步的工艺打下好的基础。但有些胶不需要坚膜，例如 SU-8 负胶。

对于正胶，坚膜中一个常见的问题是胶的再流动，当热板温度较高时，显出的窗口边缘会出现再流动现象，使边缘变得圆滑，影响下一步的工艺进行。图 12-19 是 SPR 光刻胶的再流动现象，从图中可以看到，当热板温度为 95℃时，胶窗口的边缘就开始出现明显的再流动现象。所以，通常的情况下，坚膜的温度要低于前烘的温度，与此同时，时间要延长。对于负胶，由于曝光之后，分子出现交联，使之变得热稳定，甚至在较高的温度下，都不会破坏显影后的图形[6]。

12.1.9 去胶膜

显影完成后，在显微镜下观察窗口，虽然看上去很干净，但是实际上窗口表面可能还会有一层薄薄的胶残渣留下，它们可能是曝光或显影时间不足引起的，或从使用多次的显影液中带出来的。这些残渣对干法刻蚀不会有太大的影响，但对欧姆接触等金属工艺会产生巨大的影响，所以我们需要对窗口进行进一步的清理去胶膜，一般是采用氧等离子体的方法来进行。

为了进一步探讨这个问题，我们需要对有机物多说几句。光刻胶是有机物，有机物就是含有碳的化合物分子，但有些例外，例如 CO、CO_2、SiC 等。大部分的无机物是不含碳的分子，

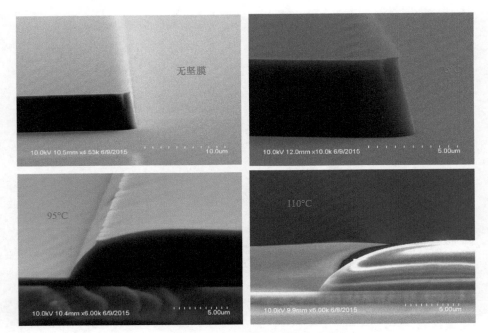

图 12-19　坚膜中产生的胶再流动现象

最小的有机物分子是甲烷（CH_4）。和无机物相比，有机物的最大特点就是大分子。我们可以用身边的例子来说明无机物和有机物的差别，一个无机物分子就像一根草，一个有机物分子就像一棵树，树和草的区别就是树有树干，也正因为有树干，才能支撑起树巨大的身躯。通过这个例子，可以联想到有机物，如果支撑有机物的大分子结构，就必须有像树干一样的结构才行，碳就是起了这个作用。关于碳，它有以下非凡的特性[7]：

1）碳原子之间可以连接成强健的和稳定的共价键。

2）碳原子可以和许多其他的元素形成稳定的化学键（H、F、N、S、P 等），大部分的有机化合物含有氢，有时也含有氧、氮、硫、磷等。

3）碳原子能够形成复杂的结构，像长的碳链、枝形链、环状、手性化合物、复杂的三维形状等。

上述的手性化合物是指中心不对称，且不能在其镜像上重叠的化合物。图 12-20 展示出了酚醛拉克（Novolak）分子结构，作为一种光刻胶材料，它被广泛地使用着。分子结构的表述方式是骨架式，碳原子是由线段的交点来表示，它是由碳链和环组成的，其中环是以苯环的形式存在（见图 12-20b）。

为什么只有碳有这样的特性？一个重要理由是碳具有自然界中第二强的键结构（见表 12-2）。对于单元素键结构，氮具有最强的键（N≡N），紧接着就是碳（C≡C）。摩尔（符号是 mol）是表示物质量的一个单位，一个摩尔的微观物质（原子、分子、离子等）的个数约为 6.02×10^{23}，这个数被称为阿伏伽德罗常数，以纪念意大利科学家阿梅德奥·阿伏伽德罗 [Amedeo Avogadro（1776—1856）]。虽然氮有最强的键，但是不幸的是，在一个很大的

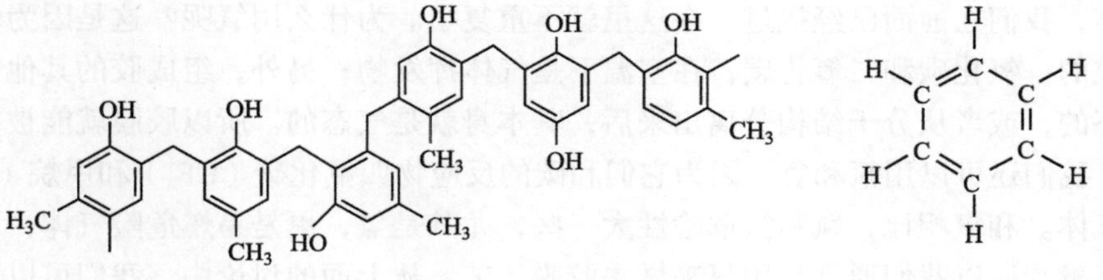

a)

b)

图 12-20　酚醛拉克的分子结构（图 a）[8] 和苯环（图 b）

表 12-2　一些常遇到的分子键的平均键合能（kJ/mol）[9]

分子键	键合能	分子键	键合能	分子键	键合能
H—H	436	C—S	260	F—Cl	255
H—C	415	C—Cl	330	F—Br	235
H—N	390	C—Br	275	Si—Si	230
H—O	464	C—I	240	Si—P	215
H—F	569	N—N	160	Si—S	225
H—Si	395	N=N	418	Si—Cl	359
H—P	320	N≡N	946	Si—Br	290
H—S	340	N—O	200	Si—I	215
H—Cl	432	N—F	270	P—P	215
H—Br	370	N—P	210	P—S	230
H—I	295	N—Cl	200	P—Cl	330
C—C	345	N—Br	245	P—Br	270
C=C	611	O—O	140	P—I	215
C≡C	837	O=O	498	S—S	215
C—N	290	O—F	160	S—Cl	250
C=K	615	O—Si	370	S—Br	215
C≡N	891	O—P	350	Cl—Cl	243
C—O	350	O—Cl	205	Cl—Br	220
C=O	741	O—I	200	Cl—I	210
C≡O	1080	F—F	160	Br—Br	190
C—F	439	F—Si	540	Br—I	180
C—Si	360	F—P	489	I—I	150
C—P	265	F—S	285		

温度范围内，它是以气体形式存在，其沸点是 -195.795℃。而碳在一个很大的温度范围内是以固体的形式存在，它的升华温度是 3642℃，升华是指物质直接从固体变成气体，不经过液体。这就使得碳能在一个大的温度范围成为"树干"，为大分子有机物的形成提供了坚实的基础。地球上的生命就是由有机物分子构成的，所以说地球上的生命是碳基生命。

现在让我们回到去胶膜的问题，上面提到，要用氧等离子体的方法去掉窗口的胶膜，为何用等离子体，我们在前面已经提过，在这里就不重复了。为什么用氧呢？这是因为氧和胶里的碳反应生成的一氧化碳和二氧化碳，在室温下是气体挥发物；另外，组成胶的其他物质和氧反应后是气态的，或者从分子结构分离出来后，其本身就是气态的。所以胶膜就能被氧去除。同样的原因，我们还可以用氟和氢，因为它们和碳的反应物四氟化碳（CF_4）和甲烷（CH_4）在室温下都是气体。和氧相比，氟和氢危险性大一些，尤其是氢，更是易燃危险气体，而且它们的价格也比氧贵，所以我们通常是用氧来做去胶膜工艺。从上面的讨论中，我们可以看到，去胶膜工艺其实就是干法刻蚀，只是其刻蚀的层很薄而已。我们也可以得出这样的结论，所有的有机物，都能被氧干法刻蚀。然而，如果一种有机物，它含有的某种物质，和氧反应后，不能形成气体挥发物，它就会留在设备里，使得设备受到污染。所以，我们应对此留意。

在干法刻蚀工艺中，我们通常用氟基气体刻蚀硅、二氧化硅和氮化硅 [参考反应式（11-4）]，而氟又能刻蚀胶，所以说很少的胶残留物对干法刻蚀影响不大，但这些残留物若留在金属和半导体之间，就会对半导体金属接触产生重大的影响。作者曾测过，和去胶膜后的相比，没有经过去胶膜处理的欧姆接触电阻有时能达到 $5 \sim 10$ 倍之高。

到目前为止，我们讲完了光刻工艺的基本流程。当然了，会有一些特殊的情景，这个基本流程也不是一成不变的。一些工艺和光刻胶需要曝光后烘膜（PEB）。AZ 5214E 反转显影技术就需要 PEB，通常是在 $110 \sim 130℃$ 下烘几分钟的时间。另外一种情形是许多 AZ 负胶，需要 PEB，PEB 可以增强曝光时引发的分子交联，使曝光的结构更不溶于显影液，常用的条件是在 $110 \sim 120℃$ 下烘几分钟 [6]。完成光刻以后，就可以进行其他工艺了。

12.2　光刻掩膜版对位图形的设计

在光刻工艺中，光刻掩膜版的设计也是一个重要的课题。在这一节中，我们不讨论整个设计，因为不同的器件和电路设计要求不一样，不同公司生产线的设计规则也不尽相同，我们只是针对手动对位所使用的光刻掩膜版。对位图形的设计所需要考虑的几点，这是在大学实验室和洁净室常遇到的情形。

一个器件或电路的制造，不可能一次光刻就能结束，需要多次的光刻才能完成。不同光刻所做的层之间，它们的图形结构需要互相对准，该步骤被称为对位，如图 12-21 所示。图中棕色的和蓝色图形之间需要对准，两边的十字图形就是最常使用的对位图形，利用对位图形将器件不同层的结构对准。根据光刻时样品的大小（晶圆还是小片），光刻机的不同，可把对位图形设计到晶圆的两边，也可设计到器件图形的中间。

通常情况下，第一次光刻时，在半导体晶圆或小片上制作第一层的十字对位图形。为了以后对位的方便，图形最好用金属（黄金最好）制作，这样以后观察起来方便，也可以在衬底上刻槽做十字图形，只是其对比度不如金属的好。以

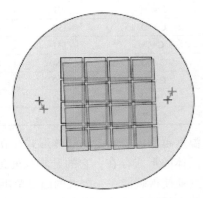

图 12-21　光刻中的对准（棕色和蓝色图形之间）

后其他层的光刻，就可以第一层为准进行对位。图 12-22 是一套典型的十字对位图形，图形中的黄色是第一层的十字图形，绿色是其他层的图形，白色的区域透光，其他的部分不透光。L 是图形的长度，W 是宽度，d 是两层图形之间的对位间距。这一节讨论的问题就是如何来确定 L、W 和 d 的数值，以及光刻掩膜版的方向。这些问题我们要按以下三个情形来考虑。

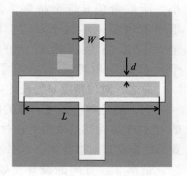

图 12-22 十字对位图形

情形 1：L 和 W 的设计。对位图形不能设计的太小，这样观看起来不方便。根据器件面积的大小，长度一般为 100 ~ 200μm，即 $L = 100 ~ 200$μm；宽度一般为 20 ~ 40μm，即 $W = 20 ~ 40$μm。

情形 2：d 的设计。作者曾遇到过许多次，设计者将 d 设计为零，即 $d = 0$，这是不行的，因为一旦设计为零，在光刻机的显微镜下就看不到对位的情况。d 的设计要考虑到以下两点：

1）器件的精度：我们以 MESFET 为例来说明，如图 12-23 所示。在 MESFET 工艺中，漏区 D 和源区 S 是同时制作的，栅区 G 是单独进行。D 和 S 是欧姆接触，这些区域需要重掺杂，图中黄色是 D 和 S 区的金属，蓝色区域是重掺杂区，金属的面积要略小于掺杂的面积。G 与 D 和 S 之间的距离是 t。d 的设计原则之一是小于 t，即 $d < t$。这样做的目的是在对位过程中，一旦对位精度不好，即使两层对位图形接触到一起，在某个方向的 $d = 0$，但 t 不等于零，器件仍能工作，只是特性变坏而已。

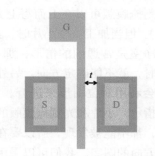

图 12-23 MESFET 的基本结构

2）光刻机显微镜的放大倍数：图 12-24 的 Karlsuss MJB3 光刻机是在大学中最常

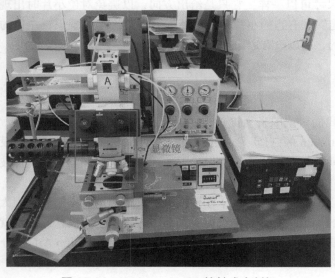

图 12-24 Karlsuss MJB3 接触式光刻机

使用的接触式光刻机。由于景深（DOF）和视场（FOV）的要求，光刻机显微镜的放大倍数不能太大。照片上的这台显微镜，它的最大放大倍数是300。现在的器件越做越小，所以希望 d 越小越好。但由于显微镜放大倍数的限制，d 太小的话，在显微镜下就很难看清楚，不利于对位。例如，如果设计为 $d = 1\mu m$，300 倍的显微镜下是 0.3mm，这个尺度眼睛是很难看清的；如果设计为 $d = 2\mu m$，300 倍的显微镜下是 0.6mm，这个尺度眼睛看清就不困难了。d 的设计原则之二是要参考光刻机显微镜的放大倍数。

总之，对位精度 d 的设计要根据器件设计的要求和光刻机的情况来考虑，而不能盲目设计。

为了避免对位精度不好的问题，现代 CMOS 工艺是采用自对准技术。图 11-3 和图 11-4 中的 CMOS 结构就是采用了自对准技术。在 CMOS 中用硅化物（6.4 节）取代金属电极的一个重要原因就是自对准技术，本书就不讨论这个话题，详细的描述，可阅读参考文献 [10]。

情形 3：方向的设计。如果是加工整个的晶圆，我们可以通过参考面（见图 10-9）来确定方向，一个光刻掩膜版可以在上面写上文字来确定方向（见图 12-11）。但当加工一个小片时，如图 12-25 所示，这在大学洁净室是常遇到的情形，那么每次往光刻机放这些小片时，就不能确定方向。另外，显微镜下对位时，我们只会利用对位图形来进行。如果在对位图形上没有方向指示，小片和光刻掩膜版的方向差 90°、180° 和 270° 时，都不能被发现，所以要在光刻掩膜版上设计一个指示方向的图案。我们可以采用不同的图形，一个简单的方法就是在十字对位图形的一个角上加上一个小的正方形，如图 12-22 所示。这个小正方形图案不用考虑对

图 12-25　半导体小片

位间距，每一层的尺寸可以一样，它只是给出方向，以避免对位小片时出现方向上的偏差。从图 12-25 中，我们能够在右边的小片角上清楚地看到边缘珠的现象，左边的是从一个已涂好胶的整晶圆上切下来的，所以没有边缘珠的现象。

12.3　当代光刻机技术

到目前为止，我们讨论的光刻机只是用于微米量级器件和电路的制造，对于 I 线来说，可以完成特征尺寸为 0.5μm 的制造。要想制造更小的尺寸，I 线就很困难。根据瑞利判据，要想分辨更小的尺寸，就需要在光线系统中做如下的改进：大的光学镜头、短波长的曝光源和高折射率的光介质。

光学镜头，可以提高尺寸，但由于制造困难和其他原因，不能做得太大。使用高折射率的光介质，当代先进的光刻机，它的末级镜头和晶圆之间用水充满，此技术就是浸入式光刻，如图 12-26 所示。水是最常用的光学介质之一。对于短波长，193nm ArF 准分子激光取代高压汞灯的 I 线作为曝光源。

浸润光刻技术是由 ASML 在 2003 年开发的。当采用 193nm 的准分子激光作为曝光源时，NA 可达到 1.35。193nm 是深紫外光（DUV）。在可见光（400～700nm）的范围内，水的折射系数是 1.33 左右（见 8.3.2 节），但在 193nm 的深紫外光时，其折射率是 1.44。如此大数值孔径的光学系统，它的高度超过 1.2m，重量超过 1t[11]。图 12-27 是一台装备了 ArF 准分子激光源和水浸润台的 ASML 扫描投影机，该设备的 NA 值是 1.35。利用这套系统，一次曝光的分辨率可达到 3×nm 半

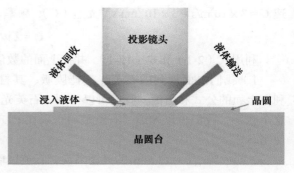

图 12-26　浸入式光刻技术，包括和浸润液体（水）相接触的最后一级镜头

线距（见 7.3 节），双曝光时可进一步达到 2×nm 半线距，这里的 3× 和 2× 是 30 和 20 范围的意思。

图 12-27　ASML TwinScan XT：1950i 扫描投影机 [12]

随着特征尺寸越来越小，所用光源的波长也越来越短。7nm 及其更小尺寸的光刻工艺采用的光源是极紫外光（EUV），波长是 13.5nm。让我们回到普朗克能量方程（2-1）（$E = h\nu$）来计算 EUV 对光学镜头的要求。方程中的普朗克常数 $h = 6.626 \times 10^{-34}$ J·s，微观粒子中用的能量单位电子伏（eV）和常用的能量单位焦耳（J）的关系为 $1eV = 1.602 \times 10^{-19}$ J，方程中的 ν 是频率，光

速 $C = 3 \times 10^8 \text{m/s} = 3 \times 10^{17} \text{nm/s}$。光速（$C$）、频率（$\nu$）和波长（$\lambda$）的关系是：

$$C = \lambda \nu \tag{12-1}$$

利用式（2-1）和式（12-1），并把上面的数值代入，就可得到下面的结论：

1）我们上面提到的石英光刻掩膜版，其材料就是 SiO_2。SiO_2 的禁带宽度是 $E_{SiO_2} = 9\text{eV}$，利用上面的公式和数值，我们可以得到，石英光刻掩膜版能透过的最短波长 $\lambda = 137.87\text{nm}$。从这个数字，我们可以知道，石英玻璃可以在 DUV 系统中作为光学镜头和光刻掩膜版的材料来使用。

2）对于 $\lambda_{EUV} = 13.5\text{nm}$ 的光源来说，石英玻璃是不能使用的，需要用禁带宽度至少是 $E_{EUV} = 90\text{eV}$ 的材料制造光学镜头和光刻掩膜版，但不幸的是，这样的材料是不存在的。

从图 7-20 电磁波的频谱图来看，EUV 波段已进入到 X 波段，能被几乎所有的材料吸收，包括空气。为了避免吸收，EUV 光刻机的光线系统采用了反射镜面结构，光刻掩膜版也是采用这种结构，并把光学系统置入到真空腔内，晶圆和光刻掩膜版也要放入到真空室里。另外，对于光刻机机械加工精度的要求也是十分的苛刻。用 13.5nm 的光源加工 7nm 的芯片，还需要精心设计的软件进行修正。总之，这样的光刻机是十分难做的，目前在世界范围，只有荷兰的 ASML 公司能够制造。一台 ASML EUV 投影光刻机的价格超过一亿美元[14]，而生产用的刻蚀系统，其价格为 400 万 ~ 700 万美元之间[15]。图 12-28 是 ASML EUV 扫描光刻系统。

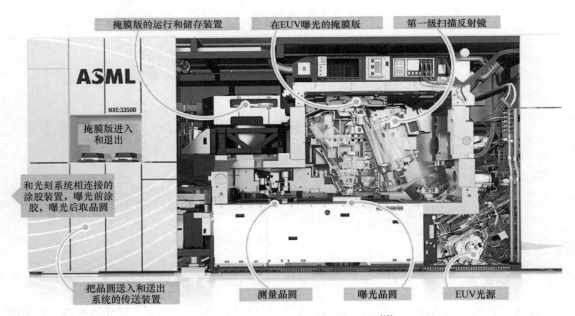

图 12-28　ASML EUV 扫描光刻系统[16]

参 考 文 献

1 Ahmad, D., van den Boogaert, I., Miller, J. et al. (2018). Hydrophilic and hydrophobic materials and their applications. *Energy Sources Part A: Recovery, Utilization, and Environmental Effects* 40 (22): 2687.

2 Wolf, S. and Tauber, R.N. (2000). Chapter 12: Lithography I: optical photoresist materials and process technology; Chapter 13: Lithography III: optical aligners and photomasks. In: *Silicon Processing for the VLSI Era*, Process Technology, 2e, vol. 1. Lattice Press, p. 510, p. 515, p. 589.

3 Product data sheet, AZ 1500 series, Standard photoresists, Clariant.

4 Haberfehlner, G. 3D nanoimaging of semiconductor devices and materials by electron tomography, Graz University of Technology, ResearchGate, p. 12.

5 Lueke, J., Badr, A., Lou, E., and Moussa, W.A. (2015). Microfabrication and integration of a sol-gel PZT folded spring energy harvester. *Sensors* 15: 12218–12241.

6 MicroChemicals. Resists, Developers and Removers. Revised: 2013-11-07.

7 Boudreaux, K.A. Organic compounds: alkanes, Chapter 1. In: *CHEM 2353 Fundamentals of Organic Chemistry Organic and Biochemistry for Today*. Angelo State University.

8 Reiser, A., Huang, J.P., He, X. et al. (2002). The molecular mechanism of novolak-diazonaphthoquinone resists. *European Polymer Journal* 38: 619–629.

9 Rice University Chemical bonding and molecular geometry. In: *Chemistry*, Chapter 7. 7.5 Strengths of ionic and covalent bonds.

10 Wolf, S. (2004). *Microchip Manufacturing*. Lattice Press.

11 ASML, Lithography principles, Lenses & Mirrors. (2019).

12 French, R.H. and Tran, H.V. (2009). Immersion lithography: photomask and wafer-level materials. *Annual Review of Materials Research* 39: 93–126.

13 Furukawa, T., Terayama, K., Shioya, T., and Shima, M. (2013). Material development for Arf immersion extension towards sub-20 nm node. *Journal of Photopolymer Science and Technology* 26 (2): 225–230.

14 Clark, D. (2021). The Tech Cold War's 'Most Complicated Machine' That's Out of China's Reach. A $150 million chip-making tool from a Dutch company has become a lever in the U.S.-Chinese struggle. It also shows how entrenched the global supply chain is. *The New York Times* (July 4).

15 王聪/张天闻. (2018). "国内刻蚀机供应商崛起在望", 摩尔芯闻。

16 Courtland, R. (2016). The molten tin solution. *IEEE Spectrum* 31.

第 13 章

介质膜的生长

介质膜作为绝缘层和光学膜，被广泛地用于半导体器件和集成电路的制造中。在这些介质膜中，二氧化硅（SiO_2）和氮化硅（Si_3N_4）是最常用的两种膜。Si-SiO_2 界面之间的电学和机械性能的稳定性，使得该结构成为 MOS 电路的基石。Si_3N_4 主要有五个方面的应用：

1）集成电路最后一层的保护膜（层），该膜被称之为钝化膜（层）。

2）用于局部隔离氧化工艺的阻挡层。

3）SiO_2 的光折射率是 1.46，Si_3N_4 是 2.05，由于折射率不同，它们及其组合是光电器件制造的重要组成部分。

4）Si_3N_4 膜的应力容易被调整，所以它在许多类型的器件制造中找到了用武之地，例如悬臂，微米直至纳米管（见图 7-19），以及其他结构的器件。

5）SiO_2 和 Si_3N_4 在 III - V 族的干法刻蚀中可以作为抗蚀层。

两种膜的生长方式都是采用化学反应来进行，不同的设备采用不同的温度，我们会在下面谈论。在这些温度下，所长出的介质膜是非晶态无定形结构。这种结构是由许许多多的微小晶粒组成，它们的一个主要缺陷是针孔。针孔是指膜内存在着很小的孔洞，当生长金属时，金属粒子可以穿过这些针孔，使得膜的绝缘性减弱。提高温度，组成膜的微小晶粒就能以较快的速度在膜中扩散，填充针孔，针孔数目减少，提高膜的绝缘性；反之，温度低，针孔数目增加，降低膜的绝缘性。所以，对于电绝缘来说，高温工艺是好的选择。由此看来，温度越高，膜的质量越好。但由于以下两点原因，不是所有的材料和工艺都可以采用高温的方法生长这两种介质膜：

1）材料的限制。对于硅来说，膜的生长温度可以高达 1200℃（第 10 章），但是对于 III - V 族材料来说，它们就不能承受如此高的温度。

2）工艺的限制。当在半导体表面完成金属的沉积后，为了达到良好的接触，需要升温进行退火（烧结），大部分的情况下，退火温度是 400 ~ 500℃。

从以上的讨论中，我们可以得到一个结论：为了满足工艺要求，我们必须保证有一种膜的生长工艺，它的温度要小于 400℃。由此开发出的不同设备，采用不同的温度进行 SiO_2 和 Si_3N_4 膜的生长。我们在这一章就主要介绍这两种膜的生长工艺。

13.1　二氧化硅膜的生长

Si-SiO$_2$ 系统是一个里程碑式的发明，在这个基础之上，产生了硅平面工艺（见图 7-15）。对于 SiO$_2$ 生长而言，主要有三种方法：热氧化、低温氧化（Low Temperature Oxide，LTO）和 PECVD。热氧化的温度是 900～1200℃，LTO 的温度是 450～750℃，PECVD 的温度是 250～350℃。从这里可以看到，SiO$_2$ 的生长工艺采用了三个不同的温度范围，热氧化给出了质量最好的膜，PECVD 可以完成低于 400℃ 的膜生长，LTO 给出了介于这两个之间的选择。在这三种工艺中，热氧化是氧气和硅直接反应生成 SiO$_2$；LTO 是通过热分解发生化学反应生成 SiO$_2$；PECVD 是通入两种不同的气体，在等离子体的辅助下，进行化学反应生成 SiO$_2$。对于特殊的要求，例如在光刻胶上生长 SiO$_2$，可以继续降低 PECVD 的温度，只不过膜的质量有所下降。另外，在这一节里还介绍一种可采用更低温度的沉积技术。

13.1.1　二氧化硅的热氧化工艺

热氧化是把硅晶圆直接放到氧气（干法）或氧气加水蒸气（湿法）的环境中，将温度提高到 900～1200℃，使得氧气和硅直接发生化学反应而生成 SiO$_2$。在该温度范围的化学反应式是：

$$\text{干法：Si（固体）}+ O_2 \text{（气体）}= SiO_2 \text{（固体）}$$
$$\text{湿法：Si（固体）}+ 2H_2O \text{（气体）}= SiO_2 \text{（固体）}+ 2H_2 \text{（气体）}$$

（13-1）

SiO$_2$ 是固体，它就留在硅的表面，形成 SiO$_2$ 膜。上述的化学反应发生在硅的表面，当氧化膜形成后，氧气和水要通过热扩散穿过氧化膜，进入到 Si-SiO$_2$ 界面，和硅反应后，形成新的 SiO$_2$ 膜，如图 13-1 所示。热氧化是硅独特的工艺，它有以下的特点：

1）它能达到工艺中的最高温度。

2）所长出的 SiO$_2$ 膜质量最好。

3）生长过程是在 Si-SiO$_2$ 界面直接发生氧化反应生成 SiO$_2$ 膜，这在所有的膜生长工艺中是独一无二的。氧化时，氧气首先和硅表面的沾污和缺陷进行反应，使得这些沾污和缺陷从硅的表面被清除掉。这一特性使得热氧化工艺能得到一个新鲜干净的硅表面，这一点是其他膜生长工艺达不到的。

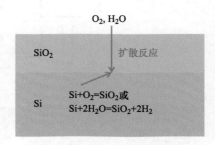

图 13-1　热氧化过程示意图[1]

4）湿法的生长速度大于干法，干法生长出来的膜致密性好于湿法，也就是说干法的质量好于湿法。

5）由于氧气和水蒸气要扩散穿过生长出来的膜到达 Si-SiO$_2$ 界面，随着 SiO$_2$ 的厚度越来越大，扩散需要的时间也越来越长。所以生长速度随着时间会减小，直至趋于饱和，如图 13-2 所示。饱和的意思是当厚度超过一定的值时，SiO$_2$ 就不会再生长。其他的方法不是这样，一旦条件确定，生长速度是固定的，不会随着时间和厚度改变。

6）干法热氧化消耗的硅比例是 44%，湿法的是 41%[1]。假设生长 1000Å 的 SiO$_2$，干法要用掉 440Å 的硅，湿法要用掉 410Å 的硅。其他的方法不消耗硅。

　　热氧化是在氧化炉里完成的。炉子的主要结构是一根石英管，外边环绕着加热电阻丝，把硅晶圆或小片放到石英舟里，推入到石英管内。对于干法氧化，通入超高纯的氧气（见7.4节），氧气越过硅晶圆或小片，生成氧化层。对于湿法氧化，氧气通入到一个加热到95℃，盛有去离子水的起泡器里。氧气携带着水蒸气进入到石英管里，越过管里的硅晶圆或小片。电阻线圈通电加热，通过在硅表面发生的硅和氧气或硅和水的化学反应，生长出 SiO_2 膜。图 13-3 是氧化炉及其附属部件的示意图和照片。石英的主要成分是 SiO_2，其熔点超过 1600℃，是高温工艺常用的材料之一。由于许多金属可以和氯气反应，形成可挥发的氯化物（以后讨论），所以，有时把 HCl 或 Cl_2 混合在所通气体中，去除金属杂质，改善 SiO_2 膜的质量。

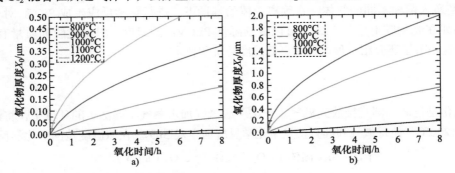

图 13-2　热氧化 SiO_2 膜的厚度和时间的关系，晶向是（100）
（见图 10-10），a）干法氧化，b）湿法氧化

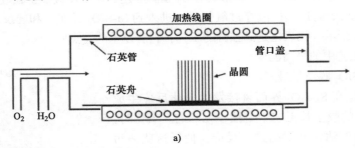

a)

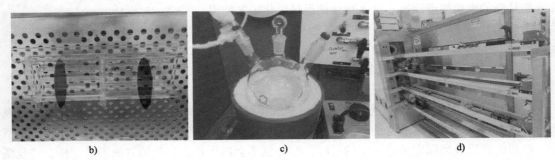

图 13-3　a）氧化炉示意图；b）硅晶圆和石英舟；c）起泡器（水瓶），氧气通入起泡器，带走水蒸气；
d）氧化炉照片（Lindberg/Tempress 8500）

13.1.2　LTO 工艺

第二种生长 SiO_2 的方法是 LTO。LTO 的生长温度低于热氧化温度，是化学气相沉积（CVD）。该生长方法不会消耗硅衬底，也不消耗其他种类的衬底，所以衬底可以是硅，也可以是其他的半导体和非半导体材料。所用的设备和热氧化炉类似，也是使用石英管，也有加热电阻丝，但通入的化学气体和设定的温度不同。LTO 生长氧化层主要有两种方法：

方法 1：TEOS 法

TEOS 是四乙氧基硅烷，化学分子式是 $Si(OC_2H_5)_4$，另一个称呼是正硅酸乙酯（TEtraethyl OrthoSilicate，TEOS）。TEOS 在 650～800℃下产生热分解反应，生产物 SiO_2 沉积在衬底表面。工艺温度是 720～750℃，压力大于 100mTorr。为比较方便，1atm = 760Torr。反应过程如下 [2]：

$$TEOS \longrightarrow SiO_2 + 气体有机分子团 + (SiO + C) \tag{13-2}$$

反应式中的氧来源于 TEOS 本身而不能由外界引入，外界引入的氧使得膜的质量下降。应该尽量减少反应式中的 SiO 和 C 含量，可以通过调整工艺参数来达到这个目的。

方法 2：硅烷法

硅烷（SiH_4）和氧气相遇，它们就会发生化学反应生成 SiO_2 沉积在衬底表面。SiH_4 在室温下是气体，它的结构很不稳定，因为硅和氢都是类金属元素，它们之间的化学键很弱，在室温下就能分解游离出活性氢和硅。活性氢很容易与空气中的氧气产生爆炸反应生成水，硅也和氧气反应生成 SiO_2。活性氢和硅是指它们以原子而不是分子形式存在。为了安全，SiH_4 要用高纯氮气稀释到 5% 或者以下，也可以用其他惰性气体，例如氩气稀释；为了保证膜的质量，温度要加热到 400℃以上，一般为 400～450℃，压力是 150～300mTorr[3]。化学反应方程式是：

$$SiH_4(气体) + 2O_2(气体) \longrightarrow SiO_2(固体) + 2H_2O(气体) \tag{13-3}$$

13.1.3　二氧化硅 PECVD 工艺

PECVD 工艺是采用等离子体技术来进行 SiO_2 的沉积。为了完成沉积，PECVD 系统要具有以下几个主要部分：

1）工艺室。这是整个系统的核心部分，因为样品要放在这里进行沉积。

2）为了保证膜的质量，要对样品进行加热。如上所述，加热温度要低于 400℃，一般设置为 250～350℃。温度通常使用热偶来测量和控制。

3）要保证一定的工艺压力。压力太低，生长的膜不致密；压力太高，容易产生大颗粒，膜的质量会下降。一般控制在 500mTorr～5Torr 之间，所以需要真空泵来控制工艺室的压力。

4）需要往工艺室通入气体，所以需要气体供应系统。

5）需要电源产生电场或磁场。为了更容易使气体分子产生互相碰撞以达到激活化学反应的目的，电源一般采用高频电源，最常用的频率是 13.56MHz。这个频率是在射频频率段（见图 7-20），所以该功率源又被称作射频电源。

实际上，上述的几个主要部分，是许多半导体工艺设备的标准配置，其结构示意图如

图 13-4 所示。我们会在下一章的干法刻蚀中对系统的各个部分进行讲解。

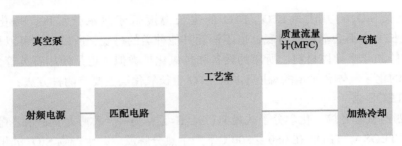

图 13-4 PECVD 系统的结构示意图

在 PECVD SiO_2 系统中，为了进一步的安全，SiH_4 除了用氮气或其他惰性气体进行稀释外，还用 N_2O 取代氧气来进行沉积。N_2O 就是笑气。

13.1.4 在 APCVD 系统中进行 TEOS + O_3 的沉积[4]

常压化学气相沉积（APCVD）是一种用于沉积 SiO_2 的系统。在该系统中，TEOS 和臭氧（O_3）相混合，完成 SiO_2 的沉积。其沉积温度为 $125 \sim 400 \, ℃$。图 13-5 是 APCVD 系统示意图。

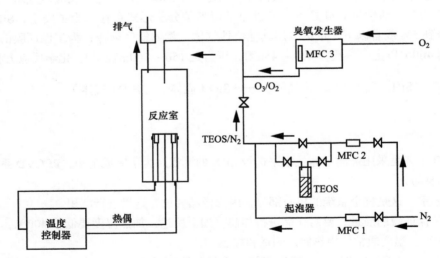

图 13-5 APCVD 系统示意图

13.2 氮化硅膜的生长

氮化硅的生长方法主要有两种，即低压化学气相沉积（Low Pressure Chemical Vapor Deposition，LPCVD）和 PECVD。LPCVD 的压力一般设置为 $0.15 \sim 2Torr$，和该工艺相比，热氧化是常压工艺。另外还有高压工艺，例如高压氧化（High Pressure Oxidation，HIPOX）工艺，其压力为 10～25atm，它的特点是能提高生长速度，被广泛用于 LOCOS 和 STI 技术中[5]，见 11.1 节。

13.2.1　LPCVD

　　LPCVD 设备的基本结构和热氧化炉类似，其主要部件是石英管和加热炉丝，但热氧化炉没有真空泵，而 LPCVD 和真空泵相连。图 13-6 是 LPCVD 系统示意图以及设备和晶圆舟的照片。图中晶圆舟是放在一个保护它们的台子里，舟的材料可以是石英，也可以是石墨。LTO 工艺所使用的设备和 LPCVD 设备一样。事实上，一台 LPCVD 设备可以有几个不同的石英管，以用于不同膜的生长和沉积。我们前面提到过的多晶硅就是用 LPCVD 设备来完成的，在上述硅烷法沉积 SiO_2 的工艺中，不通氧气，在 600～700℃ 的温度范围，就会在器件表面沉积多晶硅膜。PECVD 中不通氧源，也可以沉积硅膜，但由于温度低，所以沉积的膜是非晶硅。多晶和非晶的区别是，多晶的晶粒尺寸要远大于非晶。

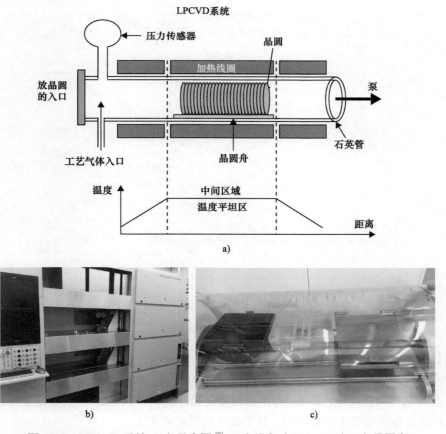

图 13-6　LPCVD 系统：a）示意图[6]；b）设备（firstnano）；c）晶圆舟

对于 Si_3N_4 膜的沉积，常用的气体是二氯硅烷（Dichlorosilane，DCS），分子式是 H_2SiCl_2，它提供了硅原子。另一种气体是氨气，分子式是 NH_3。之所以不用纯氮气，是因为氮气有最大的键合能（见表12-2），不容易断裂，所以用氨气取代氮气。在 PECVD 系统中，也是用氨气取代氮气来进行 Si_3N_4 膜的沉积。在 750~850℃ 的温度范围内，两种气体产生如下的化学反应：

$$3H_2SiCl_2（气体）+ 4NH_3（气体）\rightarrow Si_3N_4（固体）+ 6HCl（气体）+ 6H_2（气体） \tag{13-4}$$

LPCVD Si_3N_4 膜具有很致密的结构，它的一个用途是在 LOCOS 工艺中做掩膜板。

LOCOS 是一个传统的集成电路隔离技术，如图 13-7 所示。该工艺的第一步是在硅衬底上生长一层很薄的 SiO_2，该层被称为垫氧化层（Pad-Oxide）。用 LPCVD 在垫氧化层上沉积 Si_3N_4 膜，用光刻技术在这层膜上做出图形，用干法刻蚀的方法将窗口刻蚀出来直到硅表面，最后将这个硅晶圆放在高压氧化炉中，进行热氧化。致密的 Si_3N_4 膜作为阻挡层，可以阻止氧气或水蒸气的扩散，所以氧化只发生在没有 Si_3N_4 膜的窗口。该图中的"鸟喙"是 LOCOS 技术中固有的问题，它的发生是由于氧化过程中的横向氧化造成的，所以只能用在特征尺寸大于 $0.25\mu m$ 的器件制造上，见 11.1 节。

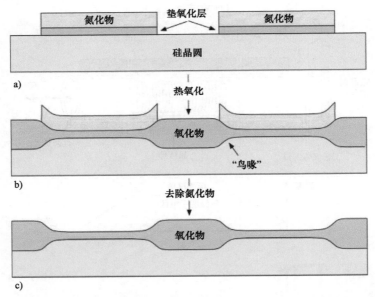

图 13-7　LOCOS 的工艺流程示意图：a）在膜上通孔到达硅衬底表面；
b）通过开孔氧化；c）去掉 Si_3N_4 膜

通过热氮化的方法生长 Si_3N_4 膜，其速度极慢，并且会产生自限制。这是由于 Si_3N_4 是如此的致密，当氮气和硅发生反应产生 Si_3N_4 膜后，这层膜会阻止氮气的继续扩散，使得 Si_3N_4 的生长停止。通过氨气和硅反应，热 Si_3N_4 生长出来的膜厚只有 3~4nm[5]，由于这个限制，该工艺只在一些特殊的器件制造中得到应用。硅和氨气的反应式如下：

$$3Si（固体）+ 4NH_3（气体）\rightarrow Si_3N_4（固体）+ 6H_2（气体） \tag{13-5}$$

13.2.2　氮化硅 PECVD 工艺

PECVD Si_3N_4 沉积设备和 PECVD SiO_2 的设备是一样的，但仔细看，它们还是有些区别的：

区别一就是往工艺室里通入不同的气体，沉积不同的膜。SiO_2 是通入稀释的硅烷和笑气，而 Si_3N_4 是通入稀释的硅烷和氨气。

区别二就是 SiO_2 设备只需要一种电源，即 13.56MHz，称之为高频电源。Si_3N_4 的设备会有两套电源，一套是频率为 13.56MHz 的电源，另一套电源的频率是 300 ~ 400kHz[7]，称之为低频电源。在硅衬底上，当沉积的 Si_3N_4 膜是由高频电源完成的，那么该膜会呈现出张应力，使得硅片上翘。当沉积的 Si_3N_4 膜是由低频电源完成的，那么该膜会呈现出压应力，使得硅片下翘，如图 13-8 所示。图 13-9 是用于沉积 Si_3N_4 膜的 PECVD 设备照片，用它可以沉积 Si_3N_4 膜，也可以沉积 SiO_2 膜，取决于所通入的气体。

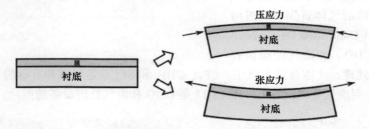

图 13-8　压应力和张应力衬底的变化情况

图 13-9　沉积 Si_3N_4 膜的 PECVD 设备照片

如上所述，通过高频电源，我们能够得到张应力膜；通过低频电源，我们能够得到压应力膜。如果在膜的沉积过程中，同时使用高低频电源，我们就能得到低应力膜。Si_3N_4 的应力在器件制造，特别是在微机电系统（MEMS）中得到了广泛的应用。图 13-10 是用张应力 Si_3N_4 膜制成的悬臂，这个器件是由伊利诺伊大学 Chang Liu 教授课题组制造。图 7-19 中所示的微米级变压器也是采用 Si_3N_4 膜应力技术制成的。

从图 13-8 中我们可以看到，如果压应力膜沉积到硅衬底表面，衬底和膜就有黏附在一起的趋势；如果张应力膜沉积到硅衬底表面，衬底和膜就有互相分离的趋势。所以说，如果 Si_3N_4 用作最后的钝化层，我们要选用压应力膜，这样制成的器件，其可靠性要高于选用张应力膜的器件。

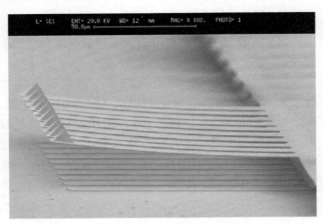

图 13-10　悬臂的电子显微镜照片

在上述工艺中，我们会使用易燃气体，例如二氯硅烷和硅烷都是易燃气体（它们容易分离出氢），二氯硅烷还是有毒气体（分离出氯）。我们把易燃和有毒气体归类为危险气体。使用危险气体时，从设备排除的气体首先要经过可控的氧化分解（Controlled Decomposition Oxidation，CDO）和废气处理设备（Scrubber）进行处理，才能排到大气中。CF_4、CHF_3 和 SF_6 不是易燃和有毒的，它们可以不通过 CDO 而直接连到废气处理设备上。图 13-11 是 CDO 和废气处理设备的照片。

a)

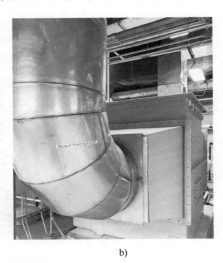

b)

图 13-11　CDO（图 a）和废气处理设备（图 b）

13.3　原子层沉积技术 [8]

上述的膜生长技术，被广泛用于芯片制造中。随着器件的特征尺寸越来越小，这些技术存在着两个难以解决的问题：薄膜沉积和高纵横比的保形性。在半导体制造中，纵横比一般是指刻蚀结构的深度和宽度之比，如图 13-12 所示。原子层沉积（ALD）系统是解决这两个问题的一种有前途的系统。在这一节中，我们用 CVD 为例来讨论 ALD 系统。

典型的 CVD 工艺是采用气体流动式反应工艺室，不同的反应气体同时并且连续地射入工艺室，反应后的副产品也是连续地被移出工艺室。这些工艺主要由以下参数来调整：温度（T，℃）、压力（P，mTorr 或 Torr）、时间（t，min 或 s）和气体流量（sccm，后面讨论）。然而，ALD 工艺使用被称为前体（precursor）和其他的反应物来完成膜的沉积，前体和反应物是以周期的、顺序的注入方式进入到反应室，它们之间由惰性气体（常用的是氮气）分离开。有两种形式的 ALD，它们是热激活式 ALD（TA-ALD）和等离子体增强式 ALD（PE-ALD）。图 13-13 是通入两种反应气体 A 和 B 的 CVD 工艺示意图；图 13-14 是采用了前体 A 和反应气体 B 的 TA-ALD 工艺示意图。在 PE-ALD 工艺中，等离子体激活的时间要比反应物脉冲开始的时间晚一点，而等离子体熄灭时间就是在脉冲结束时。

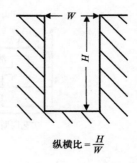

纵横比 $= \dfrac{H}{W}$

图 13-12　纵横比示意图

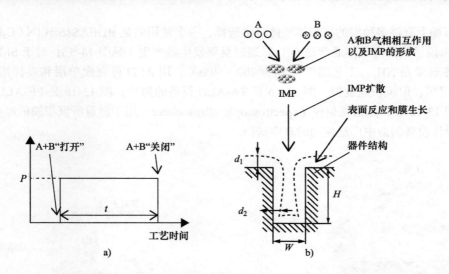

图 13-13　简单的 CVD 工艺示意图。反应物 A 和 B 在气相时反应形成中间物（IMP），扩散到结构表面，并在结构表面形成膜

结构台阶的覆盖性（膜的保形度）是膜在台阶底部的厚度和膜在台阶顶部的厚度之比，即 d_2/d_1（%）。不同 CVD 工艺和条件，其保形度可从几个百分比到几乎 100%。由于保形度不是很好，随着膜厚的增加，结构顶部的膜就会闭合到一起，在膜的中间形成空洞。不像 CVD，ALD 彻底排除了在气相时的反应，以及中间物的产生和扩散。和 CVD 相比，所有 ALD 的反应是在结构台阶表面进行的。其主要的一个优势是沉积几乎是一个原子层一个原子层进行的，这就是为什么我们称该工艺为原子层沉积。由于自限制的化学反应，该系统有利于薄膜沉积。另外，ALD 是极强的表面限制工艺，所以膜的保形度很好，这有利于在大的纵横比结构上进行膜的沉积。

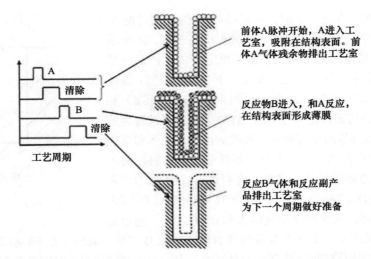

前体A脉冲开始，A进入工艺室，吸附在结构表面。前体A气体残余物排出工艺室

反应物B进入，和A反应，在结构表面形成薄膜

反应B气体和反应副产品排出工艺室为下一个周期做好准备

图 13-14　TA-ALD 工艺示意图，它采用前体 A 和反应气体 B 在器件结构表面形成膜

目前市场上有许多种类的硅前体气体可供选择，一个常用的是 BDEAS $\{SiH_2[N(C_2H_5)_2]_2\}$。对于 SiO_2 来说，其反应气体通常是 O_3，是通过臭氧发生器产生（见图 13-5）；对于 Si_3N_4 来说，其反应气体通常是 NH_3。工艺温度一般为 200～400℃。用 ALD 可完成单层和高保形 SiO_2 和 Si_3N_4 膜的沉积，但沉积速度慢。图 13-15 是 TA-ALD 设备的照片；图 13-16 是 PE-ALD 设备示意图。在图 13-16 中，光谱椭偏仪（spectroscopic ellipsometer）用于测量所沉积膜的厚度。VAT 阀是在半导体设备制造中广泛使用的真空阀门。

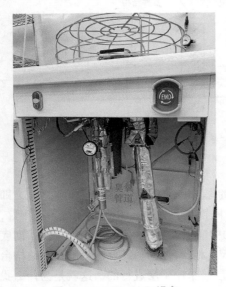

图 13-15　TA-ALD 设备

（Veeco Instruments Inc.）

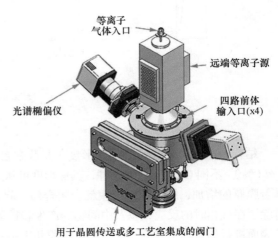

等离子气体入口

远端等离子源

四路前体输入口(x4)

光谱椭偏仪

用于晶圆传送或多工艺室集成的阀门

图 13-16　PE-ALD 设备示意图[9]

参 考 文 献

1 电子工业生产技术手册 7, 半导体与集成电路卷，硅器件与集成电路, 184, 国防工业出版社，1991年。

2 高等学校教学参考书, 半导体器件工艺原理, 厦门大学物理系半导体物理教研室编, 人民教育出版社, 44–45 页, 1977年。

3 Alamariu, B. tube6c-LTO standard operation procedure, MIT.

4 Juárez, H., Pacio, M., Díaz, T. et al. (2009). Low temperature deposition: properties of SiO$_2$ films from TEOS and ozone by APCVD system. *Journal of Physics: Conference Series* 167: 012020.

5 Wolf, S. and Tauber, R.N. (2000). *Silicon Processing for the VLSI Era: Process Technology*, 2e, vol. 1, p. 283, p. 299. Lattice Press.

6 Xiao, H. *CVD and Dielectric Thin Film*, Chapter 10, 22.

7 Van de Ven, E.P., Connick, I.W., and Harrus, A.S. (1990). Advantages of dual frequency PECVD for deposition of ILD and passivation films. *VMIC Conference*, (12–13 June 1990). IEEE. pp. 194–201.

8 Vasilyev, V.Y. (2021). Atomic layer deposition of silicon dioxide thin films. *ECS Journal of Solid State Science and Technology* 10: 053004.

9 Gaines, J.R. (2017). KJLC® awarded a patent for its atomic layer deposition system and process.Kurt J. Lesker, November 28. US patent 9,695,510.

第 14 章

刻蚀和反应离子刻蚀（RIE）系统介绍

刻蚀是半导体器件和集成电路制造中的一个重要工艺，在光刻完成之后，通过刻蚀可以把光刻所产生的器件结构图形永远传送和制备到胶下面的衬底上。在这个传送和制备过程中，大部分的器件和电路制造工艺要求图形尺寸不变的准确传送。刻蚀工艺可分为湿法和干法两种，湿法刻蚀是用液体对衬底进行刻蚀，干法刻蚀是用气体对衬底进行刻蚀。

14.1 湿法刻蚀

湿法刻蚀涉及许多内容，例如用于硅的刻蚀液在不同晶面的刻蚀速度不一样，但在此不涉及这个问题。本节讨论的就是二氧化硅（SiO_2），也包括氮化硅（Si_3N_4）的湿法刻蚀问题，这是在半导体工艺中最常用的。

最常用的 SiO_2 刻蚀液是氢氟酸（HF），以及在氢氟酸里加入水和其他化学品的缓冲 SiO_2 刻蚀液，这类刻蚀液通称为 HF 基刻蚀液。常用的 HF 液体浓度是 49%，它的刻蚀速率太快，所以在工艺使用时要在 HF 加去离子水稀释，或用缓冲刻蚀液（Buffered Oxide Etch，BOE），如图 14-1 所示。HF 刻蚀 SiO_2，其原理就是氟和硅反应生产挥发物，见式（11-4）。虽然如此，湿法和干法的刻蚀过程还是不同的。如 11.3 节所述，为了完成室温下的干法刻蚀，大部分的情况下需要等离子体技术。湿法刻蚀不需要等离子体技术，但其关键是刻蚀液要和被刻蚀的表面吸附。由于 HF 基刻蚀液是水溶液，被刻蚀的表面必须是亲水性才能进行刻蚀（见图 12-5）。SiO_2 的表面是亲水性，所以这种刻蚀液能刻蚀 SiO_2；硅的表面是疏水性，所以这种刻蚀液不能刻蚀硅。这是很有意思的，因为按照化学反应式，F 和 Si 的反应物 SiF_4 是挥发物，理论上 HF 能刻蚀 Si，但实际上是不能刻蚀，就因为硅的表面是疏水性的。

湿法刻蚀 Si_3N_4 分为两种情形：① PECVD 沉积的 Si_3N_4 膜可以用 HF 基刻蚀液刻蚀，但刻蚀速率慢于 SiO_2；② LPCVD 沉积的 Si_3N_4 膜在 HF 基刻蚀液中的刻蚀速率慢，常用的方法是在 150～170℃的磷酸（H_3PO_4）中刻蚀。

干法刻蚀和湿法刻蚀有一些区别。干法刻蚀是通过化学反应、物理溅射，或两者的结合来实现的。湿法刻蚀主要是通过化学反应来实现的。干法刻蚀硅和 SiO_2 可分为三种情形：①同时刻蚀硅和 SiO_2；②只刻蚀硅不刻蚀 SiO_2；③只刻蚀 SiO_2 不刻蚀硅。干法刻蚀硅和 Si_3N_4 可分为两种情形：①同时刻蚀硅和 Si_3N_4；②只刻蚀硅不刻蚀 Si_3N_4。这些情形将在第 15 章中详细介绍。

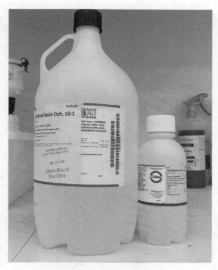

图 14-1　HF（右边的小瓶）和缓冲 SiO_2 刻蚀液（左边的大瓶）

　　和干法刻蚀比较，湿法刻蚀有两个主要优点：①成本低，其主要设备是通风柜，如图 14-2 所示，它的价格要低于干法刻蚀设备；②生产效率高，一次可在晶圆盒里放上 25 个晶圆浸入刻蚀槽里进行刻蚀（见图 14-3）。图中显示的刻蚀槽是可以加热的，HF 槽有相似的结构，但不需要加热。然而，湿法刻蚀有两个主要缺点：①它很难实现小尺寸的刻蚀；②它只能实现各向同性刻蚀，就是各个方向的刻蚀速度一样。在芯片制造中，各向异性刻蚀是主要的目标。图 14-4 是各向同性刻蚀和各向异性刻蚀界面示意图。

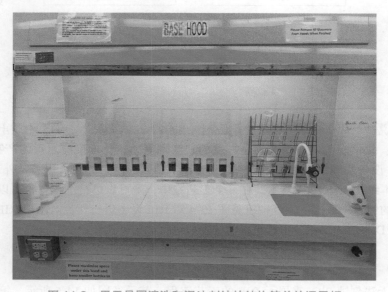

图 14-2　用于晶圆清洗和湿法刻蚀的结构简单的通风柜

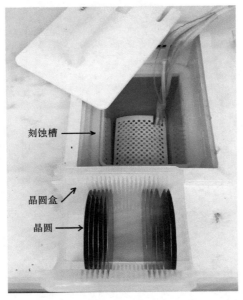

图 14-3　刻蚀槽、晶圆盒和晶圆

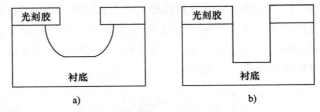

图 14-4　各向同性刻蚀（图 a）和各向异性刻蚀（图 b）界面示意图

14.2　干法刻蚀中的 RIE 系统

我们前面说过，从化学角度来看，干法刻蚀和化学气相沉积（CVD）本质上是一样的，其根本区别就是：化学反应之后的产物是挥发的，就是刻蚀；化学反应之后的产物是非挥发的，就是沉积。RIE 设备是最常用的一种干法刻蚀设备。RIE 设备和 PECVD 设备从外观上看很相似，两种设备的基本结构如图 13-4 所示。在一个工艺室中，既可以进行沉积，也可以进行刻蚀，这取决于所通入的气体。我们下面就围绕着图 13-4 对 RIE 设备进行讨论。由于 RIE 和 PECVD 的相似性，PECVD 在后面的讨论中会被经常提及以进行必要的比较。

14.2.1　RIE 工艺流程和设备结构

让我们用干法刻蚀 SiO_2 来展示 RIE 的工艺流程，其示意图如 14-5 所示。第一步是在晶圆上生长或沉积 SiO_2 介质膜；第二步在介质膜上完成光刻胶图形化，在此光刻胶是作为掩蔽膜来保护没有暴露的地方不被刻蚀；第三步放入设备中完成刻蚀，对没有光刻胶保护的窗口进行刻蚀。第三步"自由基"是指在等离子体中存在的原子或原子团，它们是电中性的，但由于化学键不完整，它们的化学反应性很强。

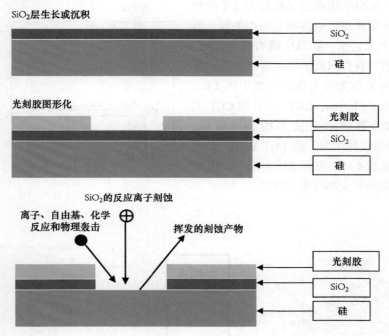

图 14-5　RIE 干法刻蚀流程示意图

让我们以 CF_4 为例，在 CF_4 等离子体中发现最多的离子种类是 CF_3^+。除了分子、离子和电子外，还存在着大量的自由基。最多的自由基是以 CF_3 和 F 的形式存在。通常来说，等离子体中的自由基浓度要远高于离子浓度。对此的详细分析，请阅读参考文献 [1] 的第 670 页。这些粒子在等离子体中还会受到电子和离子的撞击。由于相似性，我们就用图 13-4 的 PECVD 基本结构图来讨论 RIE 系统。在 RIE 中，其核心部分就是工艺室，因为样品是在工艺室中完成刻蚀的。

在 11.3 节中讨论过，等离子体工艺室只能采取两种结构：电容或电感。RIE 应采用何种结构？要确定这个问题，还要再讨论一下干法刻蚀。在工艺中干法刻蚀所要刻蚀的两个最重要的材料是 SiO_2 和 Si_3N_4，它们在化学本质上和刻蚀硅是一样的，都是通过氟和硅的反应形成挥发物来进行的。当含氟的气体（我们在后面讨论）通过等离子体技术分裂激活后，活性的 F 就可以和 Si 直接反应生成挥发的 SiF_4。但是 F 却不能和 SiO_2 以及 Si_3N_4 中的 Si 直接发生反应，因为这两种材料中的硅被氧和氮束缚着。为了刻蚀它们，就要把两种分子的化学键打断。气体分子可以通过电磁场的作用，相互碰撞发生分裂。SiO_2 和 Si_3N_4 是固体，分子之间不可能发生碰撞。如何打断它们的键呢？这就需要用离子对 SiO_2 或 Si_3N_4 的表面进行轰击，以打断它们之间的化学键。这就是离子的物理轰击，简称为物理轰击，如图 14-5 所示。

当一个带电的离子进入到电磁场时，电场会对这个离子产生直线加速度，磁场会改变离子的运行方向，直线加速的离子会对衬底表面产生物理轰击。虽然中性粒子也会对表面产生随机的轰击，但和加速的离子相比，中性粒子的轰击力度要小得多，所以物理轰击又被称为离子的物理轰击。在第4章说过，电容和电场相关联，所以要想设计一个工艺室，在其中既有化学反应，也存在物理轰击，我们只能采用电容结构。这种类型的等离子体被称为电容耦合等离子体（Capacitively Coupled Plasma，CCP）。采用CCP工艺室结构的RIE系统示意图如图14-6所示，PECVD也采用相似的结构。图14-7是RIE设备的照片。下面我们就按照图14-6，并结合图13-4，对系统的每个部件进行描述。

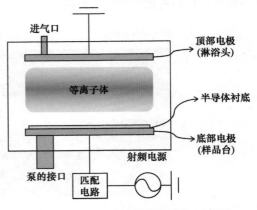

图 14-6　RIE 系统整体结构示意图

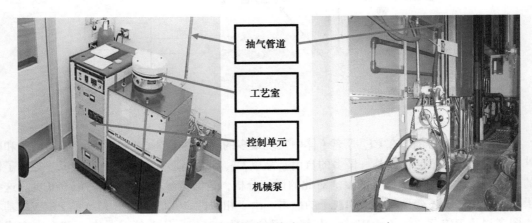

图 14-7　RIE 设备的照片（PlasmaLab RIE）

14.2.2　工艺室

如上所述，RIE设备中的工艺室采用的是电容结构，当打开工艺室时，结构如图14-8所示。图中的上电极也叫淋浴头，这是因为该电极有许多的小孔，刻蚀气体通过这些小孔进入到工艺室，结构和淋浴头一样；下电极也叫样品台。在淋浴头的外边缘镶嵌着密封胶圈，密封胶圈保证了工艺室能保持一定的真空度，样品放在样品台上。刻蚀气体通入室内，在电场的作用下，产生等离子体，并发出光子。不同气体发出的光波长不同，颜色不同，在工艺室的侧壁上有一个小窗口可以观察到发光颜色，如图14-9所示。PECVD有相同结构的工艺室，也有类似的发光。

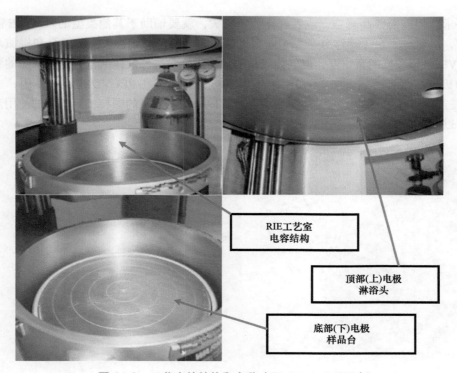

RIE工艺室
电容结构

顶部(上)电极
淋浴头

底部(下)电极
样品台

图 14-8　工艺室的结构和名称（PlasmaLab RIE）

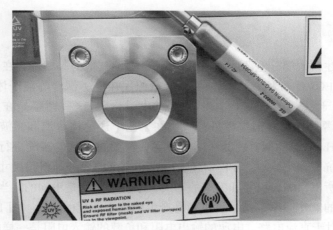

图 14-9　等离子体发光的颜色

14.2.3　真空泵

　　不同系统采用的真空泵是不一样的。图 14-10 是常用的真空泵，图 14-10a 是涡轮分子泵，图 14-10b 是罗兹泵和机械泵。若工艺压力在 100mTorr 或以上，并且气体流量不大，机械泵就能满足要求。但若需要高真空，或者气体流量较大，就要辅助于其他类型的泵。RIE 需要较高的真空度，涡轮分子泵（简称分子泵）能满足这个要求，泵的结构采用分子泵和机械泵组合形式。PECVD 希望较低的真空度，但气体流量较大，主要是稀释气体流量大，它采用的泵结构是罗兹泵和机械泵组合形式。图 14-10b 中的"气体过滤器"，在 PECVD 中经常使用，这是因为 PECVD 是产生微小颗粒的工艺，过滤器可以过滤掉可能进入泵的颗粒，延长泵的使用寿命。这些泵是通过接口和工艺室相连，如图 14-6 所示。

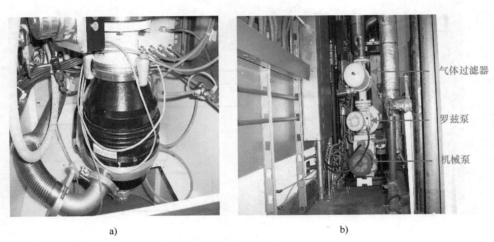

a)   b)

图 14-10   涡轮分子泵（图 a）以及罗兹泵和机械泵（图 b）

14.2.4 射频电源和匹配电路

如 13.1.3 节所述，大部分电源的频率是 13.56MHz，其他的频率也会在设备上使用，300 ～ 400kHz 电源用于 PECVD 沉积 Si_3N_4 膜，2MHz 电源用在电感耦合等离子体（Inductively Coupled Plasma，ICP）干法刻蚀设备上（在第 15 章中讨论）。这些频率是在射频（RF）段，所以又被称为射频电源。除射频源电源外，我们在工艺中还使用直流和微波（2.45GHz）电源。图 14-11 是 13.56MHz 电源的照片。为了了解电源，需要对阻抗的匹配进行讨论。对于射频电源来说，它满足阻抗方程（4-9），方程中包含电容和电感的成分。不同尺寸的 RIE 工艺室，其电容是不一样的。所以，随着尺寸和频率的不同，系统的阻抗是不同的。当射频电源连接到工艺室后，由于电源的工作频率很高，就很容易产生阻抗不匹配的问题。图 14-12 是电源和负载相连接的示意图。对于直流电路，电源的输出电阻和负载的输入电阻是一样的。对于交流电路，电源的输出阻抗和负载的输入阻抗，在许多时候是不一样的，这就是阻抗的不匹配。作为一种产品，电源的输出阻抗是 50Ω，这个特殊的数值被称为特征阻抗。在我们的实际系统中，负载就是工艺室，工艺室的输入阻抗很难做到 50Ω 特征阻抗，这样就引起了阻抗不匹配问题。所以在射频电源上，功率读数有两个（见图 14-11）：FORWARD 是入射功率，指从电源到工艺室的功率；REVERSE 是反射功率，指从工艺室返回到电源的功率。系统中，FORWARD 有时写成

INCIDENT，REVERSE 有时写成 REFLECTED。在工艺过程中，反射功率应越小越好，最好为零。如果反射功率大，就会出现以下三个问题：

1）进入到工艺室的功率和工艺菜单（recipe）中所设计的功率不一样，刻蚀的结果会和预计的有偏差，低于设计值。

2）等离子体的激发出现困难。

3）会对电源产生伤害。

图 14-11　射频电源

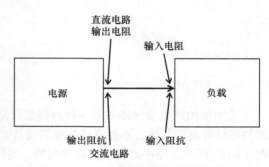

图 14-12　直流电路和交流电路的区别

　　如果电源和工艺室之间的匹配不好，有较大的反射功率，就应当采用匹配电路（match-work）来消除反射功率，如图 14-13 和图 14-14 所示。匹配是射频和微波电路中的一个重要问题，不同的系统和频率，采用不同的电路结构。半导体工艺使用的电源，其匹配电路主要由两个可变电容和一个电感组成，两个电容分别称为电容 1（C_1）和电容 2（C_2），或负载电容和调谐电容，或幅度电容和相位电容，如图 14-14 所示。匹配电路放在电源和工艺室之间，如图 13-4 和图 14-6 所示。

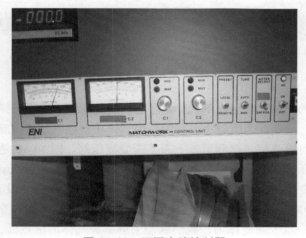

图 14-13　匹配电路控制器

a)   b)

图 14-14 匹配电路使用两种不同结构的电容：a）两个真空可变电容；b）两个旋转可变电容

14.2.5 气瓶和质量流量计

工艺中使用的化学气体需要一种容器进行储存，这就是气瓶，如图 14-15a 所示。由于大部分的气瓶储存高压气体，不能直接连接到设备上，所以我们需要使用减压调节器进行减压处理，如图 14-15b 所示。图中高压阀就是气瓶阀，高压指示表显示的是气瓶的压力。低压指示表显示的是通过减压阀之后的压力，紧随减压阀的就是低压阀。在后面的章节中，高压和低压指示表可简称为压力表。

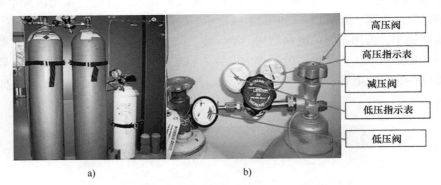

a)   b)

图 14-15 气瓶（图 a）和减压调节器（图 b）

每种化学气体的沸点或升华温度不同，储存它们的气瓶压力也不一样。温度越低，气瓶压力就越大；温度越高，气瓶压力就越小。有的刻蚀气体在室温下是液体或接近液体状态，这时气瓶的压力会很低，可以直接连接到系统上而不需要减压阀。图 14-16 是几个不同气体高压指示表显示的值，图中压力表的单位是磅每平方英寸（psi），$1atm = 14.7psi$。图中的 CF_4 的压力超过 1500psi，CHF_3 接近 600psi，SF_6 只有 300psi。这些气瓶已用过一段时间，压力有所减少。新瓶的压力 CF_4 是 2000psi，CHF_3 是 635psi，SF_6 是 320psi[2]。它们对应的沸点已在图中表示。从这里我们可以看到，从气瓶的压力，我们就能了解哪种气体的沸点低，哪种气体的沸点高。

Ⅲ - Ⅴ族半导体最常用的刻蚀气体之一— BCl_3 的沸点是 12.6℃，气瓶压力是 4.4psi[2]，在这种情况下，就可把气瓶直接连接到设备上而不需要减压阀。

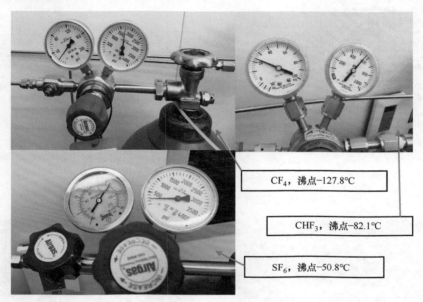

图 14-16　不同沸点的气体，对应气瓶的压力不同，压力单位是 psi

上面提到的三种气体 CF_4、CHF_3 和 SF_6 是用于干法刻蚀硅、二氧化硅（SiO_2）和氮化硅（Si_3N_4）最常用的三种气体。前两种气体含有碳，所以有时我们叫 CF_4 氟利昂 14，CHF_3 氟利昂 23。三种气体都很稳定，需要采用等离子体方法对这些气体离子化，分解出氟来刻蚀硅以及 SiO_2 和 Si_3N_4。三种气体有许多区别，但在工艺上，它们最主要的区别是氟的含量不同，六氟化硫（SF_6）含有 6 个 F，氟利昂 14 有 4 个 F，而氟利昂 23 只有 3 个 F。所以，相同条件下，SF_6 刻蚀最快，CF_4 居中，CHF_3 最慢。这里给出三个 PECVD Si_3N_4 的刻蚀速率：SF_6 是 1564Å/min 左右，CF_4 是 835Å/min 左右，而 CHF_3 是 284Å/min 左右。

打开气瓶，高压气体经过减压调节器降为低压，一般为 20psi 左右，然后顺着气路管道进入到控制气体流量的器件——质量流量计（Mass Flow Controller，MFC），如图 14-17 所示。在工艺中最常用的气体流量单位是每分钟标准立方厘米（Standard Cubic Centimeters per Minute，SCCM），1 立方厘米（cm^3）等于 1 毫升（mL）。关于学习，孔子在 2500 年前就说过要"举一反三"，我们在此知道了 SCCM，如果遇到其他流量单位，按照这个方法，也应该能读出来。图 14-18 是另外两个气体流量单位，即 SCFH（Standard Cubic Feet per Hour，每小时标准立方英尺）以及 SLPM（Standard Liter per Minute，每分钟标准升）。这里的"标准"是指温度和压力的标准条件，即温度是 0℃，压力是 1 个标准大气压。

到此，一个完整的供气系统建立了起来（见图 13-4）。一路气连一个 MFC，如果刻蚀中需要多种气体，这些气体经过 MFC 后，并入到一个管道，通过工艺室的进气口进入到工艺室（见图 14-6）。在图 13-4 中就包含有 MFC。

a)

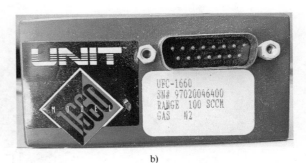

b)

图 14-17 质量流量计（图 a）和气体流量单位（图 b）

Push OFF HEAT button.

Push ON BLEED button.

Temperature with HEAT off will be maintained automatically during BLEED mode. Set BLEED metering valve so that at start, you read in Flow Meter, 7 SCFH.

Adjust the BLEED metering valve with FLOW METER, at start at 7-8 SCFH.

TIME (min)	PRESSURE (psi)	TEMPERATURE (°C)	TIME (min)	PRESSURE (psi)	TEMPERATURE (°C)
[0]	1150	32	[7]	525	35
[1]	1100	32	[8]	450	35
[2]	1100	33	[9]	400	34
[3]	1050	34	[10]	350	34
[4]	950	35	[11]	VENT	
[5]	800	35	[12]		
[6]	675	35	[13]		

a)

OR TYPE OMETER	Use Emissivity LOCAL		Emissivity 77.04		SENSITIVITY 1.00
Average	Psum2 Average 1.00		DELAY 1.00		Gain 1.05

Gas 2 SLPM	Gas 3 SLPM	Gas 4 SLPM	Gas 5 N2 SLPM	Gas 6 SLPM	Steady Intn
0.0	0.0	0.0	8.0	0.0	0.0
0.0	0.0	0.0	1.0	0.0	0.0
0.0	0.0	0.0	1.0	0.0	0.0
0.0	0.0	0.0	1.0	0.0	0.0
0.0	0.0	0.0	9.0	0.0	0.0
0.0	0.0	0.0	0.0	0.0	0.0
0.0	0.0	0.0	0.0	0.0	0.0

b)

图 14-18 气体流量单位 SCFH（图 a）和 SLPM（图 b）

　　对于 MFC，还有一个问题需要考虑，那就是不同气体之间的流量转换因子问题。图 14-17 中的 MFC 标注的气体是 N_2，可以认为该 MFC 是经过氮气校准的，它的范围是 0 ~ 100sccm。这个意思是，当用这个 MFC 控制 N_2 时，最小流量是 0sccm，最大流量是 100sccm。对应于不同气体和需要，MFC 的校准气体也不一样，范围也不一样（见图 14-19）。上面的 MFC 用于氯气（Cl_2）时，最大流量是 50sccm；下面的 MFC 用于硅烷（SiH_4）时，最大流量是 150sccm。

　　现在的问题是，如果 MFC 坏了，例如 100sccm 的 CF_4 MFC 坏了，此时手头上没有同样的 MFC，

图 14-19 Cl_2，50sccm MFC 和 SiH_4，150sccm MFC

而有 100sccm 的 N_2 MFC，那么我们就可以把这个 N_2 的 MFC 安装到 CF_4 气路上，用来控制 CF_4。100sccm 的 N_2 MFC 用于 CF_4，满量程也是 100sccm 吗？答案是否定的，我们要乘以被称之为气体流量转换因子的数，把 N_2 转换为 CF_4 的流量（见表 14-1）。在这个转换因子表中，所有气体是以 N_2 为基准进行转换。CF_4 的因子是 0.42，所以如果用 100sccm 的 N_2 MFC 控制 CF_4，满量程时 CF_4 的流量是 100sccm × 0.42 = 42sccm。其他气体的转换以此类推。

表 14-1　相对于 N_2 的气体流量转换因子 [3]

气体名称	流量转换因子
N_2，氮气	1.00
空气	1.00
Ar，氩气	1.39
H_2，氢气	1.01
He，氦气	1.45
O_2，氧气	0.99
Cl_2，氯气	0.86
N_2O，一氧化二氮	0.71
CH_4，甲烷	0.72
NH_3，氨气	0.73
SiH_4，硅烷	0.60
CHF_3，三氟甲烷（氟利昂 23）	0.50
CF_4，四氧化碳（氟利昂 14）	0.42
BCl_3，三氯化硼	0.41
$SiCl_4$，四氯化硅	0.28
SF_6，六氟化硫	0.26
C_4F_8，八氟环丁烷	0.16

14.2.6　加热和冷却

在 PECVD 中，样品台需要加热到 300℃ 左右，所以 PECVD 设备里要有一套加热和控制系统。RIE 通常不需要加热，工艺中可以用光刻胶做掩蔽膜进行刻蚀。工艺过程中的等离子体会产生很多的热量，这就需要冷却；另外，大的电源也需要冷却。所以在 RIE 和 PECVD 系统中，冷却是必不可少的一个环节。冷却技术中，水是最常用的冷却剂，也可以用其他类型的冷却剂。系统可以直接接到洁净室的冷却水系统，也可以使用冷却箱（见图 14-20）。

至此，一个完整的 RIE 系统就介绍完了。本章所用的照片，大部分是作者以前所用的老式设备。新式设备做的越来越紧凑，不容易从外围找到这些部件，但我们可以从设备的操作软件中找到对应部件的标识，如图 14-21 所示。从该图中，我们可以找到 MFC、流量单位、压力、入射功率、反射功率、匹配电路和直流偏压（在第 15 章中讨论）。

图 14-20　冷却箱，左边是一个小的，右边是一个大的

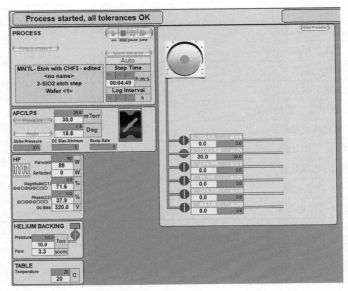

图 14-21　新式 RIE 设备的操作软件界面（Oxford Instruments，PlasmaPro 80 RIE）

参 考 文 献

1 Wolf, S. and Tauber, R.N. (2000). Chapter 14, Dry etching for ULSI fabrication. In: *Silicon Processing for the VLSI Era*, Process Technology, 2e, vol. 1, 670. Lattice Press.

2 Matheson Tri·Gas, Gases and Equipment, pp. 199, 200, and 225.

3 "Gas Correction Factors for Thermal-based Mass Flow Controllers", MKS Instruments, Inc.

第 15 章

干法刻蚀的进一步探讨

上一章中，我们主要探讨了 RIE 系统。在干法刻蚀方面，还有许多内容需要了解。这一章中，我们来讨论刻蚀界面、速度、不同材料刻蚀气体的选择和电感耦合等离子体（ICP）技术。

在进行 RIE 刻蚀工艺时，我们要记录以下四个参数：

1）气体流量，简称流量，单位是 sccm。

2）工艺室压力，简称压力，单位是 mTorr。

3）刻蚀功率，简称功率，单位是 W。

4）直流偏压，简称偏压，单位是 V。

对于 PECVD 沉积工艺而言，要记录的前三个参数和 RIE 一样，只是数值设置的大小不同，第四个参数是温度。

下面我们对上述的各个方面进行讨论。

15.1　RIE 的刻蚀界面

对于干法刻蚀，刻蚀之后的截面是我们关心的主要问题之一。如果不考虑工艺过程中的其他化学成分的影响，只是考察 F 刻蚀 Si、SiO_2 以及 Si_3N_4，那么 RIE 刻蚀之后的衬底窗口的截面示意如图 15-1 所示，示意图中的光刻胶截面是一种理想情况，实际的胶截面如图 12-16 所示。我们在此先用理想的光刻胶截面来探讨干法刻蚀问题。图 15-1 是用硅做例子，SiO_2 和 Si_3N_4 有相似的结论。

对于干法刻蚀，所得的截面有两个极端的情形。

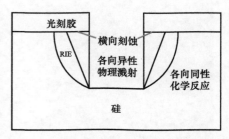

图 15-1　RIE 干法刻蚀之后硅窗口的截面示意图

15.1.1　情形 1

完全的各向同性刻蚀，这是由完全的化学反应得到的，因为这种反应是没有方向性的，各个方向反应速度一样，所得的截面就是各向同性的。用什么样的设备可以得到这样的截面？前面已经说过，在工艺上使用等离子体技术的目的就是要把稳定的分子结构经过分子间的互相碰撞变得不稳定，甚至化学键被打断，使化学反应能顺利进行。在 RIE 设备中，工艺室采用了电容结构，电容是和电压相关联的，见式（4-1）。这样，当射频功率进入到工艺室后，就会在上下两个电极之间建立直流偏压（见图 14-21）。RIE 系统的设计方式，使得电场方向是从淋浴头指向样品台（在 15.5 节中细述），电离之后的离子就会被电场加速溅射衬底表面，这就是 RIE 物理溅射的来历。所以 RIE 不会产生完全的化学反应，就不会得到完全的各向同性截面。从这些论述中，我们可以想象，如果有一种含氟的气体，它很容易分裂，完全不需要辅助于电源来产生等离子体，就不会有物理溅射，那么这样的设备就会产生完全化学反应的刻蚀，所刻蚀的截面就是各向同性的。这种干法刻蚀设备就是氟化氙（XeF_2）刻蚀台（见图 15-2）。图 15-3 是刻蚀台工艺室的结构。XeF_2 是一种很奇怪的物质，因为氙（Xe）是惰性气体，惰性气体是不应该和其他元素发生化学反应的，但这里 XeF_2 就是氙和氟产生了化学反应！不管怎样，它很不稳定，

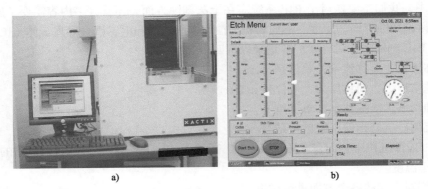

图 15-2　Xactix 氟化氙刻蚀台（图 a）和操作软件界面（图 b）

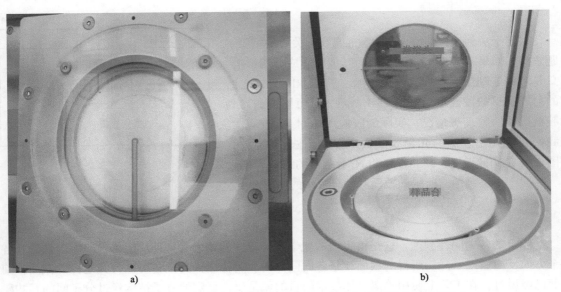

图 15-3　氟化氙刻蚀台工艺室（图 a）和工艺室打开后的结构（图 b）

极易断裂。这种物质有两种状态：固态和气态。它被储存在气瓶里，当压力超过 4Torr 时，它会维持固态；当压力小于 4Torr 时，就会从固态升华为气态，并且分离，游离出原子氟，氟可以和硅反应生成挥发物，并被泵抽走，达到刻蚀的目的。由于 XeF_2 刻蚀台不需要电源，没有等离子体，没有物理溅射，所以它只能刻蚀 Si，而不能刻蚀 SiO_2 和 Si_3N_4，也不能刻蚀光刻胶。在该设备的工艺室中，我们只能称呼淋浴头和样品台。和 RIE 相比，XeF_2 的设备简单、便宜，不会产生大量热量。它只能用来刻蚀单原子材料，如果这种材料和氟产生挥发性的化学反应，例如硅、锗和钨。XeF_2 刻蚀台的存在，使得硅的各向同性干法刻蚀成为可能，但 SiO_2 和 Si_3N_4 的各向同性干法刻蚀就比较难以实现。图 15-4 给出了两个硅刻蚀界面的电子显微镜照片，图 a 是用 SiO_2 做掩蔽膜，刻蚀孔很小的情形；图 b 是一个大开孔的刻蚀结果。我们看到，在开孔很小的情形下，XeF_2 刻蚀台可以给出几乎完美的半球形刻蚀界面；对于大开孔，其刻蚀结果和图 14-4 的相似。该刻蚀台可用来刻蚀硅，而不能刻蚀 SiO_2 和 Si_3N_4。由于 SiO_2 的刻蚀速率极慢，当使用该设备时，要先用 BOE 去掉硅表面的自然氧化层，这样能得到好的刻蚀结果。图 15-5 是使用 BOE 和没有使用 BOE 的刻蚀窗口。从照片中，我们可以看到，使用 BOE 后的刻蚀表面要比没有使用 BOE 的刻蚀表面光滑许多，而且刻蚀速率要快 8% 左右，所以使用 BOE 的光刻胶阴影要比没有使用 BOE 的光刻胶阴影大。

图 15-4　用 XeF_2 刻蚀台得到的硅的刻蚀结果：a）通过小开孔刻蚀硅；b）通过大开孔刻蚀硅

XeF_2 只有化学反应，压力越高，刻蚀速率越快。图 15-6 是硅的刻蚀速率和 XeF_2 压力之间的关系曲线。许多大学里有 Xactix XeF_2 刻蚀台。该设备设计有两个室，一个是膨胀室，一个是工艺室，如图 15-3 所示。刻蚀是在工艺室完成的，但在工艺菜单中设置的压力是指膨胀室压力。当刻蚀开始时，膨胀室和工艺室之间的阀门打开，XeF_2 气体源被两个室分享，所以在工艺室中的刻蚀压力是设定压力的一半左右。

图 15-5　使用 BOE（图 a）和没有使用 BOE（图 b）的刻蚀窗口

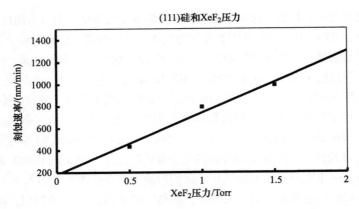

图 15-6　（111）硅的刻蚀速率和 XeF_2 压力的关系曲线

15.1.2　情形 2

　　完全的各向异性刻蚀，这是由完全的物理轰击得到的，物理轰击有时叫做物理溅射。物理轰击是由电场加速离子轰击样品表面产生的，其方向性强，只沿着电场方向撞击，所以可以得到只对纵向刻蚀，而不对横向刻蚀的完全的各向异性刻蚀。只要所通入的气体不会产生化学反应，RIE 就可实现这种刻蚀。哪种气体可以充当这个角色？答案是氩气。氩气是惰性气体，不会参与任何的化学反应（见元素周期表图 5-1）。惰性气体在第 18 组，在该组中，氩气是可以容易地以及大规模使用的质量最重的惰性气体，它上面的气体质量轻，下面的自然界含量少，而且氩气很容易被电离成为 Ar^+，所以它被广泛地用在半导体工艺的物理轰击中。氩气用在 RIE 中，就能实现完全的物理轰击，实现完全的各向异性刻蚀。把进入到工艺室的射频功率集中到一个小的区域，使得功率密度提高，Ar^+ 物理溅射的速度也会得到提高，这个技术被称为离子铣（Ion Milling）。当用于金属膜生长时，该技术又被称为金属溅射工艺，我们会在后面的第 16 章中讨论这个问题。

　　也许有人问了，既然只用氩气就能得到完全的各向异性刻蚀，这也是在器件和电路制造中最希望得到的结果之一，那我们能不能就只采用 Ar^+ 轰击的方法来做刻蚀呢？理论上可以，这就是我们为什么有离子铣工艺。但实际上，这样做会有一些问题，主要有以下两个方面：

　　1）这种轰击不能产生挥发物质，溅射出来的东西会堆积在窗口附近，甚至样品表面。

　　2）由于轰击可以对所有材料产生刻蚀，这给选择刻蚀掩蔽膜带来了一定的困难。

　　所以，在干法刻蚀时，我们一般不在刻蚀菜单中加入氩气，除非有特殊需求（在 15.2 节中讨论）。所选择的气体会和所刻蚀的材料产生挥发物质，与此同时，电离后的离子会对刻蚀窗口产生离子轰击，只不过这种轰击力度要低于 Ar^+ 轰击。RIE 是包含化学反应和物理轰击的刻蚀过程，刻蚀之后所得的截面既不是完全的各向同性，也不是完全的各向异性，而是介于这两者之间的形状，如图 15-1 所示。在该图中，横向刻蚀是 RIE 干法刻蚀的一个不可避免的现象。要想减小横向刻蚀，就要提高物理轰击成分，减少化学反应成分；要想增大横向刻蚀，就要减小物理轰击成分，增加化学反应成分。在工艺参数中，要想提高物理成分，减少化学成分，就要减小压力，提高功率；要想提高化学成分，减少物理成分，就要增加压力，减少功率。减少压力，就是提高刻蚀气体的平均自由程（在 15.5 节中讨论）；提高功率，就是提高直流偏压。这些都对提高物理轰击的成分有帮助，因而使得刻蚀界面更趋于各向异性，反之亦然。图 15-7 给出了压力以及功率和直流偏压的关系曲线。但在增加功率时，离子密度提高，化学成分也会相应地提高。所以，对于调整功率来调整刻蚀界面要小心进行。

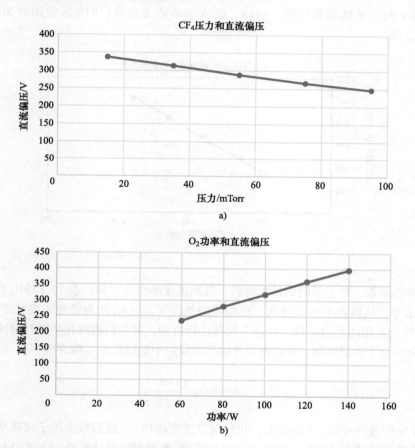

图 15-7　a）CF$_4$ 压力和直流偏压的关系曲线；b）O$_2$ 功率和直流偏压的关系曲线

15.2　RIE 刻蚀速率

RIE 刻蚀工艺中另一个重要的考量因素是刻蚀速率，只有知道了刻蚀速率，才能设定时间达到所要的深度。刻蚀的深度不一样，所选择的气体也不一样。如果想刻蚀得深，就要选择刻蚀快的气体；如果想刻蚀得浅，就要选择刻蚀慢的气体。在 14.2.5 节中曾提到，CF$_4$、CHF$_3$ 和 SF$_6$ 是刻蚀 Si、SiO$_2$ 和 Si$_3$N$_4$ 最常用的三种气体，SF$_6$ 的速度最快，CHF$_3$ 的速度最慢。所以，要想刻蚀快，就用 SF$_6$；要想刻蚀慢，就要用 CHF$_3$。

　　除了不同气体的刻蚀速率不同，不同功率的刻蚀速率也不一样。功率大，速率快；功率小，速率慢。图15-8是在 RIE 中，Si_3N_4 被 CF_4 刻蚀时，其刻蚀速率和功率的关系。既然提高功率就可以提高刻蚀速率，那我们就把功率加到很高的水平，以提高刻蚀速率来满足我们设计的要求。这样做在实际操作时会有一个问题：功率大，直流偏压就高。当这个偏压高于某个值时，电容结构的工艺室会面临着击穿的危险。有款作者原来用过的 RIE 设备，当直流偏压达到 500V 时，系统就会报警。所以，在大学的洁净室里，RIE 所使用的功率源一般在 300 ~ 500W 之间。

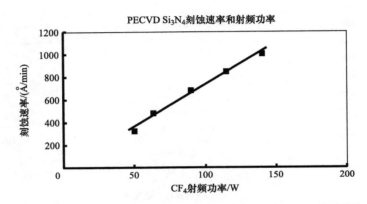

图 15-8　以 CF_4 为刻蚀气体，PECVD Si_3N_4 刻蚀速率和射频功率的关系

　　使用同样的参数，对于不同的衬底材料，其刻蚀速率也不一样。表 15-1 给出了 CF_4 对一些材料的刻蚀速率。从该表中可以看到，在相同的条件下，Si_3N_4 的刻蚀速率要快于 SiO_2，Si_3N_4 和 SiO_2 是两种最常用的介质材料，对这个问题进行讨论，对我们理解化学键对刻蚀速率的影响有一定的帮助。为了说明问题，我们需要介绍化学反应中的阿伦尼乌斯方程[1]：

$$k = A\exp\left(-\frac{E}{RT}\right) \tag{15-1}$$

式中，k 为反应的速度常数，k 值越大，化学反应速度越快；A 是指数前因子或频率因子，因为它和分子的碰撞频率有关；E 是活化能；T 是绝对温度；R 是理想气体常数；$R = 8.314 J \cdot mol^{-1} \cdot k^{-1}$，该值中的 mol 是摩尔（见 12.1.9 节），k 是绝对温度开尔文（见 5.2 节）。该方程是由瑞典科学家斯万特·阿伦尼乌斯 [Svante Arrhenius（1859. 2.19—1927. 10.2）] 在 1889 年提出的。

　　由于指数的关系，方程中的 E 和 T 对反应速率的影响很大。E 值越小，速率越快；T 值越大，速率越快。温度每升高 10℃，反应速率增加 2 ~ 4 倍[1]，刻蚀速率也会提高。分子的键强度越大，需要的活化能越大，化学反应速率慢，刻蚀速率也会降低。在热力学中，我们用标准生成焓来表示当 1mol 物质生成时，所释放或消耗的能量。标准生成焓通常用 ΔH_f 来表示，SiO_2 的 ΔH_f 是 911kJ/mol，Si_3N_4 的 ΔH_f 是 745kJ/mol[2]，SiO_2 的 ΔH_f 大于 Si_3N_4 的。Si_3N_4 的活化能较小，所以它的刻蚀速率较快；SiO_2 的活化能较大，所以它的刻蚀速率较慢。

表 15-1　CF₄ 的刻蚀速率（流量 30sccm，压力 35mTorr，功率 93W）

被刻蚀的材料	刻蚀速率 /（Å/min）
LPCVD Si₃N₄	376
PECVD Si₃N₄	706
热 SiO₂	211
PECVD SiO₂	230
硅	421

了解不同被刻蚀材料的焓，对设计刻蚀菜单有重要的参考价值。在所有其他条件一样的情况下，例如刻蚀气体、产生物的沸点等，相同的菜单，在大部分的情况下，对于焓值高的材料刻蚀速率慢，焓值低的材料刻蚀速率快。如果被刻蚀的材料有更大的焓值，为了使刻蚀能顺利进行，就要在刻蚀菜单中加入少量的氩气（见 15.1.2 节）。Ar⁺ 能产生用于干法刻蚀气体中的最强的物理轰击，破坏强的化学键，使化学反应得以进行。例如 Al₂O₃（蓝宝石）的 ΔH_f 是 1676kJ/mol[2]，其化学键是如此之强，刻蚀该材料时，就需要在刻蚀菜单中加入氩气。

15.3　Ⅲ-Ⅴ族半导体和金属的干法刻蚀

前面讲了，我们是用氟基气体刻蚀 Si、SiO₂ 和 Si₃N₄，但这类气体不能刻蚀Ⅲ-Ⅴ族半导体和大部分的金属，我们以 GaAs 和 Al 为例来说明。氟和镓反应物 GaF₃ 的沸点是 1000℃，并且铝反应物 AlF₃ 的熔点是 1290℃。很明显，这些反应物是非挥发的。反之，当和氯反应时，其反应物分别为：GaCl₃ 的沸点是 201℃，AlCl₃ 的升华温度是 180℃，这两种反应物的沸点和升华温度就要低得多了。这里的数值是在一个标准大气压下得到的，在低压下，这些值还要小。所以Ⅲ-Ⅴ族材料和大部分金属及其氧化物的刻蚀气体是氯基的而不是氟基的，上面提到的 Al₂O₃ 就必须用氯基气体加上氩气进行刻蚀。

物质沸点的定义是，该物质是液体，液体的蒸汽压力等于液体周围的压力，此时液体就能变成气体。物质升华温度的定义是，该物质是固体，固体的蒸汽压力等于固体周围的压力，此时固体就能变成气体。从物理原理我们可知，压力越大，沸点和升华温度就越高；压力越小，沸点和升华温度就越低。沸点和压力之间的关系满足克劳修斯 - 克拉佩龙方程，该方程的命名是为了纪念德国科学家鲁道夫·克劳修斯 [Rudolf Clausius（1822.1.2—1888.8.24）] 和法国工程师贝诺特·克拉佩龙 [Benoît Clapeyron（1799.1.26—1864.1.28）][3]：

$$\ln \frac{P(T_2)}{P(T_1)} = -\frac{\Delta_{vap}H}{R}\left(\frac{1}{T_2} - \frac{1}{T_1}\right) \qquad (15\text{-}2)$$

式中，ln 是自然对数；$P(T_1)$ 和 $P(T_2)$ 指两个温度下的蒸汽压力；$\Delta_{vap}H = H^v - H^L$ 是蒸发时摩尔焓的变化，H^v 是蒸汽阶段的摩尔生成焓，H^L 是液体阶段的摩尔生成焓。升华温度和压力之间的关系也符合这个方程。

GaCl$_3$ 和 AlCl$_3$ 的摩尔生成焓可从网站 "NIST Chemistry WebBook" 上找到，例如 GaCl$_3$ 的 $\Delta_{vap}H$ 是 72.7kJ/mol[4]。让我们用 GaCl$_3$ 为例来计算工艺压力下的沸点。1 个标准大气压（1atm）下的沸点是 201℃ = 474.15K。在式（15-2）中，$P(T_1)$ = 1atm，T_1 = 474.15K。RIE 的工艺压力一般是 5 ~ 50mTorr，这个范围转换成标准大气压就是 6.58×10^{-6} ~ 6.58×10^{-5}atm。我们用压力的上限 6.58×10^{-5}atm 来做计算。

把 $P(T_1)$ = 1atm，$P(T_2)$ = 6.58×10^{-5}atm，T_1 = 474.15K，$\Delta_{vap}H$ = 72.7kJ/mol 和 R = 8.314J·mol^{-1}·k^{-1} 代入式（15-2）中，得到 T_2 = 311.5K = 38.35℃。和一个标准大气压的沸点 T_1 相比，在 50mTorr RIE 的工艺压力下，沸点 T_2 降低超过了 160℃，当压力是 5mTorr 时，沸点会进一步降低。AlCl$_3$ 的情形一样。另外，在刻蚀过程中，等离子体能增加工艺室的温度，这就是为什么样品台一般要用水冷却。所以，在刻蚀工艺压力下，GaCl$_3$ 和 AlCl$_3$ 是挥发的。对于 GaAs，砷和氯反应形成三氯化砷（AsCl$_3$），在一个标准大气压下的沸点是 130.2℃。从这些讨论中，我们可以得到这样的结论：GaAs 和 Al（包括 Al$_2$O$_3$）能被氯基气体刻蚀，但不能被氟基气体刻蚀，这个结论适用于大部分的 Ⅲ - Ⅴ族材料和金属。

磷化铟（InP）是一种广泛用于高速晶体管的 Ⅲ - Ⅴ族材料。铟和氯化学反应后，InCl$_3$ 的沸点是 800℃，即使在低的工艺压力之下，如此高沸点的反应物还是不能被泵从工艺室抽走，InCl$_3$ 会形成硬壳，并覆盖在样品表面，阻止氯和铟的进一步反应。为了克服这个问题，可采用以下三个方法：

1）加热样品台使温度达到 300℃左右。在 14.2.6 节曾提到，RIE 通常是保持室温。对于 InP，我们有必要购置一台样品台可加热的 RIE 设备。

2）在工艺菜单中加氩气。在刻蚀过程中，Ar$^+$ 会产生很强的物理轰击，去除样品表面的硬壳，这样 Cl 和 In 的化学反应可以继续进行。

3）用甲烷（CH$_4$）作刻蚀气体。In 和 CH$_4$ 化学反应之后，其反应物是 In(CH$_3$)$_3$，它的沸点是 134℃，远低于 InCl$_3$ 的沸点，在工艺压力下，In(CH$_3$)$_3$ 能被泵从工艺室抽走。但是，使用 CH$_4$ 容易产生聚合物，污染工艺室。

如果我们用氯基气体刻蚀 InP，在工艺菜单中还可以加入少量的氢气。氢和磷反应后生成 PH$_3$，其沸点是 -87.7℃，这样磷也可以被移除工艺室。CH$_4$ 含有氢，所以可以不用加氢气。

15.4 刻蚀界面的控制

在刻蚀工艺中，光刻胶是最常用的掩蔽膜。湿法中，选取的刻蚀液对胶的刻蚀性较小，胶和衬底的黏附性是影响刻蚀质量的主要因素；在干法中，刻蚀气体的选择，对掩蔽膜的刻蚀也要小。刻蚀气体对衬底的刻蚀速率（R_s）和对掩蔽膜的刻蚀速率（R_m）之比称为选择比：

$$S = \frac{R_s}{R_m} \tag{15-3}$$

S 值越大越好，理想情况是无限大，也就是掩蔽膜一点不被刻蚀，这在实际工艺中是不存在的。氟基气体刻蚀工艺中，常用的正胶 AZ5214 的刻蚀速率比二氧化硅的刻蚀速率要快 2 倍左右，但胶的厚度是 1.3 ~ 2.0μm，通常 SiO_2 的刻蚀深度是 1000 ~ 5000Å（0.1 ~ 0.5μm），所以刻蚀结束后，还有一定厚度的胶留在衬底表面。

在大部分的情况下，胶的厚度对干法刻蚀工艺的影响不大，但其窗口的形状对刻蚀界面的影响会很大。衬底刻蚀界面的形状对于许多器件和电路的制造有着很大的影响，在大部分的情况下，希望界面的侧壁是陡直的 90° 角，这其实是很难达到的。刻蚀界面角度的调整（横向刻蚀的控制）除了如 15.1 节所描述的，和工艺压力以及功率的设置有关外，还和以下两个因素有关。

15.4.1　光刻胶窗口的形状对刻蚀界面的影响

以正胶为例，理想的窗口应是上下陡直 90° 角，如图 15-9a 所示。在这种情形下，如果是完全的各向异性刻蚀，得到的刻蚀界面也是陡直的 90° 角。但胶的实际形状如图 15-9b 所示（见图 12-16 和图 12-17），由于胶有一个斜角，薄的地方在刻蚀过程中就会被刻蚀掉，使得刻蚀窗口的上开口要大于下开口，一个完全的各向异性刻蚀界面变成了不完全的各向异性刻蚀界面。由此看来，要想达到理想的衬底刻蚀界面，首先要做好光刻这一步。

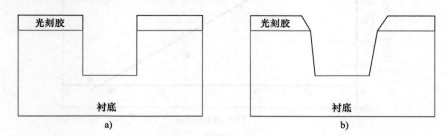

图 15-9　光刻胶和衬底刻蚀界面的关系：a）理想情形；b）实际情形

15.4.2　碳对刻蚀速率和截面的影响

刻蚀气体氟利昂 14（CF_4）和氟利昂 23（CHF_3）中，都有碳的存在，CHF_3 还有氢。另一种在工艺中使用的气体 C_4F_8，其碳含量更高。碳在 RIE 中起着重要的作用，在刻蚀过程中，实际上是硅和碳进行竞争，和氟产生化学反应，氢也参与反应。碳和氟的完全反应形成 CF_4，这是气体，会被抽出工艺室。但碳和氟的不完全反应，会形成特氟龙聚合物，这种聚合物会停留在衬底和刻蚀窗口的表面，阻止刻蚀进行，这个过程叫做钝化。在上述的三种气体中，C_4F_8 的钝化性最强，CHF_3 其次，CF_4 最弱。不含碳的钝化效果就要弱得多，例如 SF_6。

以 CHF_3 为例，随着压力的提高，钝化效果提高，甚至会使刻蚀停止，变成特氟龙膜的沉积。图 15-10 是 CHF_3 刻蚀硅和 Si_3N_4 的速率和压力的关系曲线，可以看出，随着压力的提高，刻蚀速率下降，直至为零。SiO_2 的腐蚀速率在压力不超过 55mTorr 时变化不大，这是由于氧可以和氢反应，减少了氢和硅的竞争。利用这些结果，我们可以设计工艺菜单，只刻蚀 SiO_2，不腐蚀硅和 Si_3N_4（或刻蚀速率很低）。

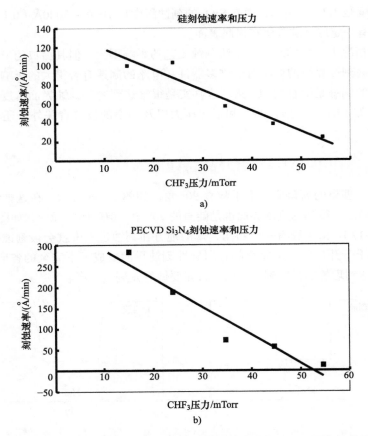

图 15-10　硅（图 a）和 Si_3N_4（图 b）的刻蚀速率和 CHF_3 压力的关系

钝化也会对界面的形状产生影响。如上所述，RIE 的刻蚀界面是上宽下窄（见图 15-1），碳的存在，可使横向刻蚀减少，刻蚀窗口变得陡直，钝化效果越明显，窗口越趋向 90° 角，甚至变得上窄下宽。图 15-11 是 CF_4、CHF_3 和 C_4F_8 刻蚀后衬底窗口的角度变化。在 CF_4 和 CHF_3 刻蚀 SiO_2 的两个电子显微镜的照片中，CHF_3 刻蚀的角度要比 CF_4 的陡直，这和上面描述的相吻合。CHF_3 刻蚀的速率慢于 CF_4，这也符合 14.2.5 节的论述。在另一张的照片中，使用 C_4F_8 刻蚀硅，产生了上窄下宽的窗口。

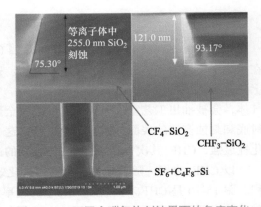

图 15-11　不同含碳气体刻蚀界面的角度变化

在这一节对刻蚀界面作了简单的讨论，实际情况还要复杂得多，但了解了原理，在解决实际问题时就会得心应手。

15.5　其他问题

我们在前面讨论了刻蚀速率、刻蚀界面等问题，在 RIE 中，还需要考虑其他问题，只有搞清楚这些，才能理解在下一节要讨论的 ICP 技术。前面也说过，RIE 和 PECVD 设备相似，都以化学反应的方式完成工艺，但它们还是有区别的。现在我们从它们的区别入手，来进一步探讨 RIE 的其他方面。

15.5.1　RIE 和 PECVD 的区别

区别 1：在 14.2 节中曾提到，从化学的角度讲，RIE 和 PECVD 没有本质的区别，它们都是化学反应。只不过，在 RIE 中，化学反应后的产物是挥发的，能被泵抽出工艺室；在 PECVD 中，化学反应后的产物是非挥发的，会留在样品表面。所以区别 1 就是反应物是挥发的和非挥发的。

区别 2：在 13.1.3 节中，曾提到 PECVD 样品台的温度设为 250 ~ 350℃。而 RIE 样品台一般保持室温，这样就可以用光刻胶作刻蚀的掩蔽膜。所以区别 2 就是样品台温度不同。

区别 3：在 13.1.3 节中，曾提到 PECVD 的工艺压力范围是 500mTorr ~ 5Torr，这么高的压力，使得等离子体的浓度高，膜沉积过程中产生的颗粒致密。另外，高压力使得直流偏压小（见图 15.7），从而减少了对生长膜的表面轰击。而 RIE 的压力一般为 5 ~ 50mTorr，RIE 的压力之所以低，这是由于在干法刻蚀时，希望刻蚀气体有较大的平均自由程，使得气体在到达样品表面前，不被或者较少地互相碰撞，从而改变直线的运动方向，对刻蚀产生不利的影响。压力太小，工艺室的刻蚀气体分子数太少，互相碰撞机会少，使得等离子体的激活变得困难。现在让我们讲一讲平均自由程的问题，平均自由程是一个微观粒子（例如一个分子或原子）在连续两次碰撞之间通过各段距离的平均值。两个粒子碰撞，不是完全相碰，而是互相接近到一定距离就弹开，以这个距离为界，我们给出粒子的有效直径 d，在压力为 p 时，分子的平均自由程 l 的表达式如下所示：

$$l = k_B T / \sqrt{2}\pi d^2 p \qquad (15\text{-}4)$$

式中，k_B 是玻尔兹曼常数；T 是绝对温度。该公式显示出，平均自由程和压力成反比关系。压力越高，平均自由程越小；压力越低，平均自由程越大。

图 15-12 是微观粒子的平均自由程示意图，一个粒子从起点到终点之间的距离，真空度高时，分子可以无碰撞从起点到达终点；真空度低时，分子从起点到达终点前，要经过多次碰撞。对于干法刻蚀来说，如果把样品放在终点处（样品台），刻蚀气体从起点（淋浴头）进入工艺室，那么我们希望气体直接到达样品表面，尽量避免互相之间的碰撞。所以 RIE 工艺压力要设置得低。

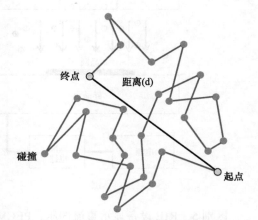

图 15-12　微观粒子的平均自由程示意图

为了更好地说明问题，图 15-13 给出了在溅射台（在第 16 章中讨论）中氩气的平均自由程和压力的关系。为比较，常温下，一个标准大气压（760Torr）时空气分子的平均自由程是 68nm。

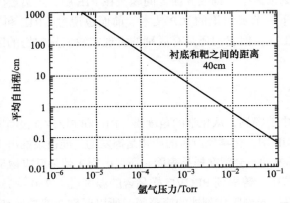

图 15-13　溅射台氩气的平均自由程和压力的关系[5]

区别 4：RIE 的射频电源连到样品台，工艺室中的电场方向是从淋浴头指向样品台，和刻蚀气体的运动方向一致，对样品的物理轰击强。PECVD 的射频电源连接到淋浴头，工艺室中的电场方向是从样品台指向淋浴头，和沉积气体的运动方向相反，对样品的物理轰击弱，如图 15-14 所示。高压和连接到淋浴头的电源，进一步减少了膜在沉积过程中所受到的物理轰击，这对膜的质量是有好处的。

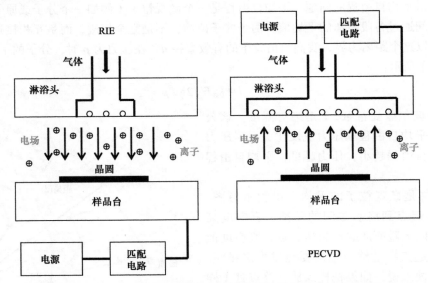

图 15-14　RIE 和 PECVD 中射频电源的连接位置和工艺室中的电场方向

区别 5：RIE 设备显示直流偏压，PECVD 设备不显示直流偏压，如图 15-15 所示。
区别 6：RIE 功率一般设置为 50 ~ 200W，有较强的物理轰击；PECVD 功率一般设置为

20～100W，有较弱的物理轰击。

区别 7：对 RIE 而言，其化学反应发生在样品表面，气体只需要进入到工艺室，所以 RIE 的淋浴头的孔洞少（见图 14-8）。对 PECVD 而言，其化学反应发生在淋浴头和样品台之间的空间中，为了满足均匀膜生长的要求，PECVD 淋浴头的孔洞多（见图 15-16）。

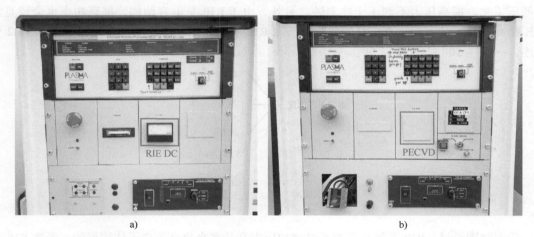

a)　　　　　　　　　　　　　　b)

图 15-15　a）RIE 控制台，显示直流偏压；b）PECVD 控制台，不显示直流偏压

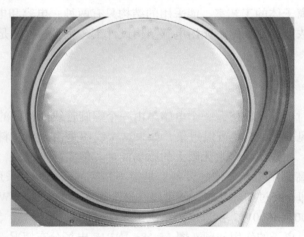

图 15-16　PECVD 的淋浴头

15.5.2　Si 和 SiO₂ 干法刻蚀的区别

在 14.2.1 节中，我们已经讨论过干法刻蚀中 Si 和 SiO₂ 的区别，当氟离子和硅相遇时，可自动发生化学反应。当氟离子和二氧化硅相遇时，必须依靠物理轰击降低硅和氧之间的键强度，甚至打断它，才能使硅和氟发生化学反应。如此看来，为了考虑问题方便，我们可以认为硅的刻蚀速率取决于化学反应，是和等离子体的浓度相关联，浓度越高，刻蚀速率越快。二氧化

硅的刻蚀速率取决于物理轰击，是和等离子体的功率相关联，功率越大，刻蚀速率越快。当MEMS（见第 13 章）出现后，硅的深刻蚀成为一个重要的课题。从刚才的讨论中，可以看到，要想提高硅的刻蚀速率，就要提高等离子体的浓度。从 RIE 工艺的角度来看，可以从两个方面来提高等离子体的浓度：提高压力，提高功率，如图 15-17 所示。我们刚刚讨论过，RIE 是低压工艺，提高压力不利于干法刻蚀。另外，由于 RIE 是电容结构，提高功率也会使直流偏压提高，使工艺室面临着击穿的危险，所以 RIE 所使用的功率源不能提高很多，如 15.2 节所述，一般在 300～500W 之间。

图 15-17　提高等离子体浓度的途径

15.6　电感耦合等离子体（ICP）技术和博世工艺

前面刚刚说过，RIE 系统是不能通过增加压力和功率来提高等离子体浓度的。既然 RIE 不行，就要开发新的系统来提高等离子体浓度，以提高硅的刻蚀速率。RIE 是 CCP。在 11.3 节中曾提过，一个产生等离子体的工艺室，能采用的结构只有两种：电容和电感。电容结构的 RIE 不能提高等离子体的浓度，那么能不能用电感结构设计工艺室呢？答案是肯定的。下面让我们分段来讨论。

15.6.1　电感耦合等离子体技术

在这里让我们再讨论一下电感，一个电感是由一个螺旋管线圈构成的（见图 4-5）。电感等于磁通量除以电流，见式（4-2）。可以想象，如果这个线圈是由超导材料制造的，那么它就可以流过无限大的电流，在线圈里产生无限大的磁场能量。但实际情况是，超导是在超低温下实现的，其运行成本很高，用于半导体的设备上是很不划算的。我们多采用铜管来做这个线圈，铜管里通上水进行冷却，经过如此处理，就可以在这个线圈上加上 3000W 甚至更高的的射频功率，通常情况下是 1000～3000W。所以电感解决了大功率的问题。

再来看一下线圈对离子的作用问题。图 15-18a 是 RIE 电场分布情况，其电场方向和氟离子这样的正离子运动方向一致，这样就容易推动离子撞击样品（物理轰击），与此同时，也撞击样品台。一般情况下，整个 RIE 工艺室是由不锈钢或铝制造的，样品台的面积要远大于样品的面积，所以大部分的离子是直接轰击到样品台上，离子一旦和大块的金属接触，就会被吸收。如此看来，RIE 结构是抑制等离子体浓度提高的。但是，离子一旦进入磁场，根据洛伦兹方程（11-6），磁场作用于离子上的力的方向和磁场方向成 90° 角。由于采用射频电源，所以离子在磁场的作用下，在线圈内部振荡，如图 15-18b 所示。这种情况下，等离子体的浓度就很容易提高了。

　　由于上述的两个原因：功率大和离子振荡，用线圈制成的工艺室就能使离子的浓度提高到很高的水平，这个工艺室就是 ICP（Inductively Coupled Plasma，电感耦合等离子体）。实际设备的结构是用陶瓷做成真空室，用铜管做成线圈在外围环绕着真空室。图 15-18 是 RIE 和 ICP 中离子运动和受力的示意图。用 ICP 代替 RIE 的淋浴头，就产生了实际使用的 ICP 系统。由于该系统是 ICP 和 RIE 结合在一起的，所以又被称为 ICP RIE。图 15-19 是 ICP RIE 设备的照片。图 15-20 是 ICP RIE 工艺室内部结构示意图，可以和图 14-6 比较看它们结构上的区别。和 RIE 相比，ICP 共有以下三大特点：

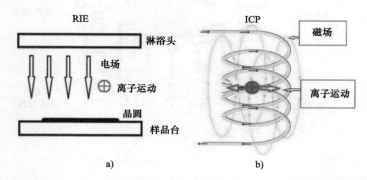

图 15-18　正离子在 RIE（图 a）和 ICP（图 b）中的受力情况示意图

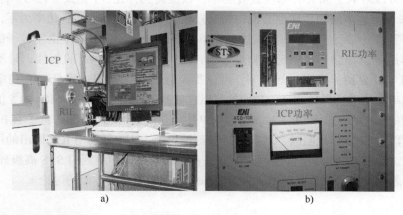

图 15-19　ICP RIE 设备的照片（STS ASE）：a）指出了 ICP 和 RIE 的相对位置；b）用于 RIE 的 300W 小功率源和用于 ICP 的 1000W 大功率源

　　特点 1：ICP 能在低压下提供高浓度等离子体（High Density Plasma，HDP），RIE 不能产生 HDP，HDP 是 ICP 和 RIE 的根本区别。在这里要强调的是，在半导体制造中，还有一些其他种类的设备能产生 HDP，HDP 可用于干法刻蚀，也能用于其他工艺。

　　特点 2：对硅、锗以及其他和氟反应产生挥发物的单元素材料，ICP 能显著地提高刻蚀速率。对于化合物材料，例如 SiO_2，虽然刻蚀速率也能提高，但效果不如硅这样的单元素材料明显。例如在普通的 RIE 中，用 SF_6 刻蚀硅的速率通常小于 1μm/min，但在 ICP 中，刻蚀速率很容易超过 3μm/min。总的来说，刻蚀速率取决于化学反应的提高明显，刻蚀速率取决于物理溅射的提高不明显。所以当 ICP RIE 用于刻蚀硅这样的单元素材料时，该系统被称为深刻蚀 RIE（DRIE）。

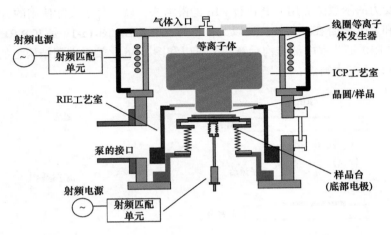

图 15-20　ICP RIE 工艺室内部结构示意图（STS ASE），两个功率源的频率都是 13.56MHz，一些设备ICP 功率源的频率是 2MHz

　　特点 3：可以对 ICP 和 RIE 单独设置功率，以提高选择比 S [见式（15-3）]。在这里以硅和 SiO_2 为例来说明这个问题。理论上说，如果只在 ICP 设置功率，RIE 功率为零，直流偏压为零，没有物理轰击，那么该设备只能刻蚀硅而不能刻蚀 SiO_2。但实际上由于粒子的热运动、离子受磁场的作用等，都会产生一定的物理轰击，所以对 SiO_2 有一定的刻蚀，只不过刻蚀速度慢。由此我们可以看到，提高 ICP 功率，可以提高硅的刻蚀速率；降低 RIE 功率，可以降低 SiO_2 的刻蚀速率。依靠这样的调整，我们就可以在氟基气体中提高硅和 SiO_2 的 S 值。在 RIE 中使用 SF_6，硅和 SiO_2 的 S 值为 20～30，但在 ICP 中，该 S 值可超过 100。由于 ICP 高的选择比，所以我们就可以用 SiO_2 作掩蔽膜，对硅进行深刻蚀。图 15-21 是利用 ICP 做出的用梳状驱动器驱动的微平台。该装置是由伊利诺伊大学的 P. Ferreira 教授课题组利用 STS 高级硅刻蚀（ASE）制造的，装置悬浮结构的制造就利用了大 S 值和博世工艺（请看下面的讨论）。

图 15-21　用梳状驱动器驱动的微平台

15.6.2　博世工艺

对于硅的深刻蚀，大部分的器件要求陡直90°的刻蚀，如图15-21所示的台阶。由于RIE中包含化学和物理两个部分，所以其刻蚀界面如图15-1所示，是上宽下窄，虽然通过选择刻蚀气体中碳的含量可以调整刻蚀角度，如图15-11所示，但由于刻蚀速率和选择比的限制，这个技术在硅的深刻蚀中并没有得到广泛的应用。博世工艺就是针对这个问题开发的工艺。以博世命名此技术，是由于它最早是由德国公司罗伯特·博世有限公司（Robert Bosch GmbH）开发的。博世工艺，是刻蚀和钝化交替进行，以达到控制角度（90°），并确保一定的刻蚀速率。

下面是一个博世工艺刻蚀菜单：

刻　蚀：$SF_6 + O_2$，130sccm+13sccm，ICP 600W，样品台 12W，12s。

钝　化：C_4F_8，85sccm，ICP 600W，样品台 0W，8s。

整个刻蚀过程就是重复这个循环——刻蚀和钝化进行的。图15-22详细描述了这个循环。

第一步刻蚀：刻蚀采用 $SF_6 + O_2$，SF_6 是刻蚀最快的气体，加氧可以增加去除特氟龙膜的能力。这一步中，ICP 的功率是 600W，RIE（样品台）的功率是 12W，时间是 12″。RIE 有功率，有直流偏压，有方向性，有物理轰击，刻蚀的截面是上宽下窄。

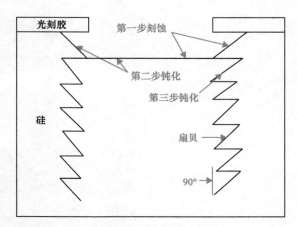

图 15-22　博世工艺示意图

第二步钝化：钝化采用 C_4F_8 气体，含碳最多的氟利昂气体。这一步中，ICP 的功率是 600W，RIE（样品台）的功率是 0W，时间 8″。RIE 没有功率，无直流偏压，无方向性，无物理轰击。该步的目的就是完全的化学反应来产生特氟龙膜，并均匀覆盖在刻蚀的窗口中。

之后，重复第一步刻蚀，由于低压工艺，又有和直流偏压对应的电场，所以离子基本上会以直线的方式到达所刻蚀的窗口底部，如图14-5所示。底部承受的动量大，而侧壁承受的动量小（见图8-10），底部的特氟龙膜通过物理轰击能去掉，而侧壁的去不掉，这样就重复第一步的刻蚀，并能得到相同的刻蚀界面。接着再钝化，再刻蚀……一直到达所要刻蚀的深度停止。所得到的截面角度可以达到90°，但侧壁不光滑，产生锯齿状的表面。当尺寸变小时，那些尖锐的角度会变得圆滑，使得侧壁像扇贝一样，所以就用扇贝这个词来描述这种侧壁。图15-23是在伊利诺伊大学洁净室用 ICP RIE（STS ASE）设备采用博世工艺做出的一些结构。上边的照片显示出，同一个工艺菜单，结构尺寸越小，刻蚀速率越慢。这个不难理解，因为尺寸小，刻蚀气体进入结构就比较困难，反应后的产物排出结构也比较困难。中间的墙状结构，清晰地显示出了扇贝状侧壁。下边的柱状结构，通过调整菜单，使得侧壁的扇贝起伏变得很小。

在博世工艺中，整个的刻蚀过程实际上是硅和碳的竞争过程，这两种材料竞相和氟产生反应，如果硅的反应占优，刻蚀界面就趋向于 RIE 结构，变得上宽下窄；如果碳的反应占优，就会产生更多的特氟龙膜，出现一种叫做微米草（micro-grass）的问题。图 15-24a 显示出了这种现象。当出现微米草的问题时，就要减少钝化步骤，增加刻蚀步骤。

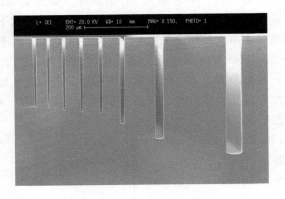

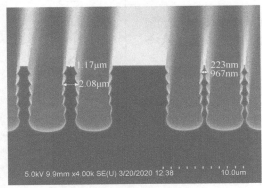

图 15-23　在 ICP RIE 上采用博世工艺做出的硅沟槽（上图）、墙（中图）和柱（下图）状结构

　　具体的做法是：在刻蚀步骤，提高 RIE 功率和刻蚀时间，可以一起提高，也可以单独提高某一项。在钝化步骤，降低 ICP 功率，减少钝化时间。这两个步骤的调整可以一起进行，也可以选某一步骤单独进行。一个刻蚀菜单，小面积窗口刻蚀正常，表面发亮，但大面积窗口刻蚀

往往不正常，表面发黑，这就是出现了微米草问题。遇到这个问题，就可以按照刚才说的方法解决，实际工艺中要根据具体情况进行调整。图 15-24b 是调整后的刻蚀界面。所有的照片都显示出刻蚀结构的角度基本上是 90° 角。

在大部分情况下，人们希望器件的侧壁是光滑的而不是起伏的。图 15-23 不能满足大部分器件制造的要求，为解决扇贝问题，博世工艺结束后，可将样品进行热氧化。在氧化过程中，侧壁尖突部分的氧化速度要快于平坦部分。这样，经过热氧化处理的硅样品，其侧壁会变得光滑，与此同时，侧壁的特氟龙膜也能被去除干净。

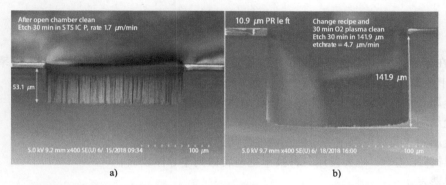

图 15-24　微米草问题（图 a）以及微米草解决以后的界面（图 b）

参 考 文 献

1 傅献彩 陈瑞华编. (1979). 高等学校试用教材, 物理化学, 下册, 南京大学物理化学教研室, 高等教育出版社, 1979 修订本, 第 206 页, 第 204 页。

2 Murarka, S.P., Eizenberg, M., and Sinha, A.K. (2003). *Interlayer Dielectrics for Semiconductor Technologies*, 32. Elsevier Academic Press.

3 Stanley, I.S. (2016). *Chemical, Biochemical, and Engineering Thermodynamics*, 5e, 336. Wiley.

4 NIST Chemistry WebBook, SRD 69.

5 Radzimski, Z.J., Posadowski, W.M., Rossnagel, S.M., and Shingubara, S. (1998). Directional copper deposition using dc magnetron self-sputtering. *Journal of Vacuum Science & Technology B: Microelectronics and Nanometer Structures Processing, Measurement, and Phenomena* 16 (3): 1102–1106.

第 16 章

金属工艺

金属在半导体器件和集成电路中充当着重要的角色，半导体不是导体，其电阻率（见第1章）要大于金属导体。金属主要在三个方面发挥着作用：

1）金属是制造电阻、半导体二极管和晶体管的不可或缺的材料（见第6章）。

2）金属用于形成欧姆接触。

3）金属用于集成电路中各个独立器件之间的互连。

在半导体工艺中，主要使用三种技术把金属做到半导体表面：

1）热蒸发。

2）电子束蒸发。

3）溅射沉积。

它们都是物理气相沉积（PVD）。金属不是全部覆盖在器件表面，而是通过光刻在一些特定的区域形成一些图形，这些图形的实现主要通过两种方法：一是刻蚀；二是剥离。为了实现金属和半导体之间良好的接触，还需要进行金属合金。图 16-1 是金属回刻蚀和剥离工艺示意图。下面我们就分节来讨论。

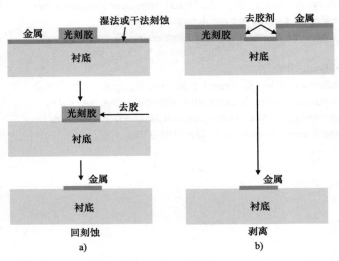

图 16-1　金属回刻蚀（图 a）和剥离（图 b）工艺示意图

16.1 热蒸发技术

用于热蒸发工艺的设备叫做热蒸发台。热蒸发是在蒸发室里进行，以扩散泵或冷凝泵和机械泵结合使用，将蒸发室抽到 1×10^{-6} Torr。把要蒸发的金属放在电阻加热器上，加热器可做成舟型坩埚式和电阻丝式；根据加热器的形状，要蒸发的金属（蒸发源）可做成小块，放在舟型坩埚里，也可做成条状，挂在电阻丝加热器上，如图 16-2 所示。蒸发台可做成钟罩式，也可做成开门式，图 16-3 是钟罩式热蒸发台。加热器的材料是由熔点最高的金属钨制造，钨的熔点是 3400℃，有时也用熔点为 3000℃的钽和熔点为 2600℃的钼[1]，这类金属被称为高温金属或难熔金属。蒸发源金属在加热器的高温加热下，从固态直接变成气态。在 1×10^{-6} Torr 真空度下，金属气态分子的平均自由程（见图 15-13）很大，足以无碰撞沉积到样品表面。

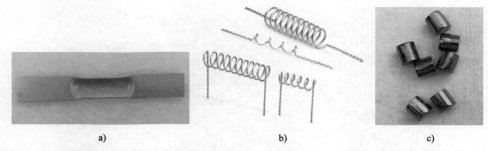

图 16-2　电阻加热器和金属小块：a）舟型坩埚式；b）电阻丝式；c）钛金属小块（Kurt J. Lesker）

a)　　　　　　　　　　　　　b)

图 16-3　a）钟罩式热蒸发台，使用扩散泵和机械泵；b）设备上的加热器，是舟型坩锅式（Cooke Vacuum Products）

　　热蒸发技术的主要优点是：①简单；②便宜；③无辐射。主要缺点是：①高温下加热器可能引起的污染；②由于加热器可放置的蒸发源数量有限，此技术不能用于厚膜沉积；③不能用于难熔金属蒸发。这些问题可以在电子束蒸发中得到部分解决。

16.2　电子束蒸发技术

　　用于电子束蒸发的设备叫做电子束蒸发台，它的结构和热蒸发台基本一样，有钟罩式的，也有开门式的，这两种结构都可称为工艺室。图 16-4 是开门式电子束蒸发台。它和热蒸发的最主要区别就是加热器不同，电子束蒸发是用电子枪作为加热源，并把承载蒸发源的坩埚做成碗状的。图 16-5 是坩埚的照片，这种坩埚可以承载更多的蒸发源，能够实现厚膜沉积。

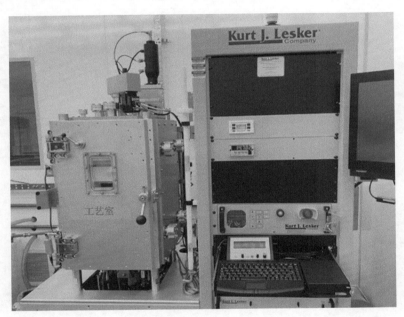

图 16-4　电子束蒸发台

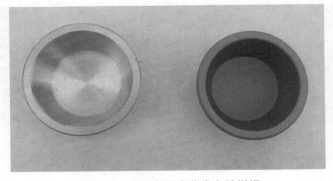

图 16-5　用于电子束蒸发台的坩埚

电子束蒸发的加热器是电子枪，如图 16-6 所示。从灯丝发射出的电子在约 10kV 电压的加速下，通过磁场改变方向，射向放在坩埚里的蒸发源，将加速所产生的巨大的动能转换为热能，可在蒸发源处产生高于热蒸发的温度，所以该技术能对金属 [包含一些难熔金属（例如钼）] 进行沉积，也可以沉积介质。另外，由于坩埚是放在水冷座里，所以温度低、污染小。其最大的缺点是，高能电子会产生 X 射线，可对一些器件产生不好的影响，尤其是光电器件。

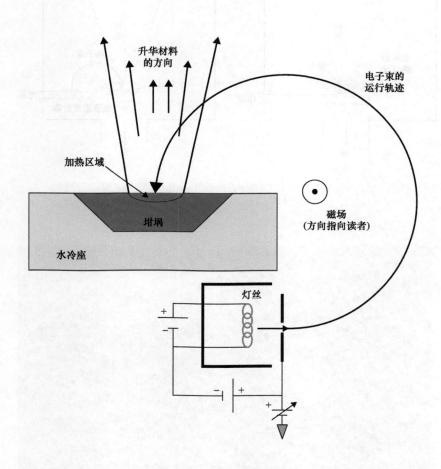

图 16-6　电子枪的基本结构

由于热蒸发和电子束蒸发有相似之处，都是通过对蒸发源加热，使金属升华沉积在样品表面，所以电子束蒸发台也可以同时具有热蒸发的功能。图 16-7 是热蒸发和电子束蒸发系统结构示意图。图 16-4 所示的电子束蒸发台，当打开门后，工艺室里面的结构照片如图 16-8a 所示，从图中可以看到电子枪和载片盘。图 16-8b 是电子束射在蒸发源时所产生的光斑。

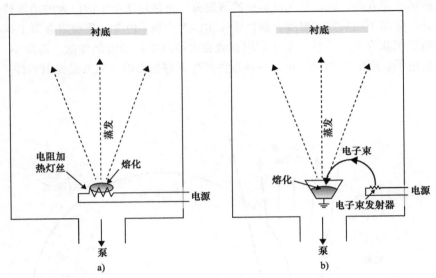

图 16-7　热蒸发（图 a）和电子束蒸发（图 b）系统结构示意图[2]

图 16-8　电子束蒸发台工艺室内部结构照片（图 a）和电子束射在蒸发源时产生的光斑（图 b）

16.3　磁控溅射技术

　　虽然电子束技术能蒸发一些难熔金属，但是对于钨的沉积还是困难的。溅射技术就可以解决这个问题，该技术在 15.1 节中已介绍。金属溅射工艺是用 Ar⁺ 对要淀积的金属表面进行物理轰击，从表面上轰击出微小的金属颗粒，这些颗粒沉积到样品的表面，达到金属沉积的目的。这个技术可用来沉积金属（包括钨这样的难熔金属）和介质。所沉积的材料通常做成圆盘状，被称之为溅射靶或简称为靶。溅射工艺采用直流电源或射频电源来产生等离子体，工艺室的基本结构也是 CCP。直流电源可用来沉积金属，但不能沉积介质。射频电源可用来沉积金属和介质。所以射频电源是更常用的，并且常和磁控管结合起来使用，也就是射频源加上磁控。该技术被称为磁控溅射技术，采用该技术的溅射设备叫做磁控溅射台。在此，我们就讨论这个技术。

　　图 16-9 是磁控溅射台的控制面板，从中可以看到射频电源和匹配电路控制器。溅射台的工艺室也采用钟罩式和开门式，如图 16-10 所示，图 a 是钟罩式，并是把钟罩外壳拿走之后的结构；图 b 是开门式，是打开门之后的内部结构。它们都有一个用来放置样品或晶圆的样品盘。有靶，靶可以是金属材料，也可以是介质材料。靶的下面是一个磁控管，并作为负极使用，等离子体在磁场的作用下，可集中在靶的表面，形成高浓度等离子体（HDP）。在工艺室里通入氩气，离子化的 Ar⁺ 受负极吸引，加速轰击靶面，并结合 HDP，使得金属能以微颗粒的形式被较快地溅射出来，沉积到样品表面。磁控管采用平面结构，有环形的，也有长方形的，现代设备中基本上采用环形平面磁控管，如图 16-11 所示。由于磁场的作用，使得投到金属靶表面的等离子体强度，分布在一个环形或长方形的环内。这个整套装置，被称为靶枪，或简称为枪。图 16-12 是一个正在工作的磁控溅射台，其靶枪顶部的等离子体辉光。由于靶表面等离子体的环形分布，使靶材在用过一段时间后，表面会出现一个环形凹槽，如图 16-13 所示。

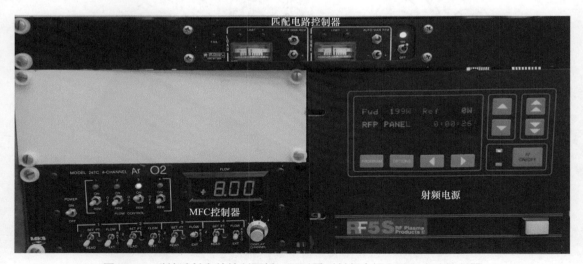

图 16-9　磁控溅射台的控制面板，可以看到射频电源和匹配电路控制器

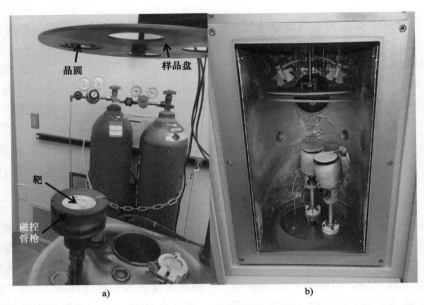

图 16-10 磁控溅射台内部结构：a）钟罩式；b）开门式

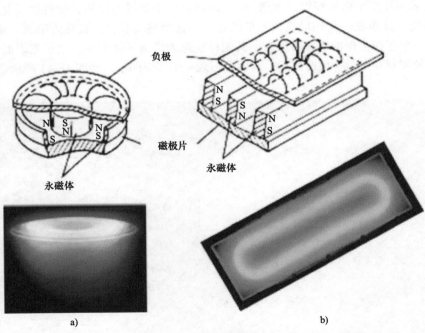

图 16-11 环形磁控管（图 a）和长方形磁控管（图 b）[3]

图 16-12　设备使用时，靶枪顶部的等离子体辉光

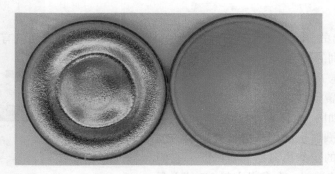

图 16-13　两个金属靶，左图是长时间多次使用后的表面，右图是短时间使用次数少的表面

在溅射过程中，等离子体集中在靶的表面，这会产生很多热量，所以靶枪要和冷却水相连。金属靶容易把热传输到冷却水，但介质靶就不容易传热。所以，溅射介质靶所需的最高能量要远小于溅射金属靶的最高能量。表面的凹槽，只会出现在金属靶，不会明显出现在介质靶。

在金属溅射过程中，可向工艺室通氧气，离子化后的氧可以和金属粒子反应，生成相应的金属氧化物，例如 Al_2O_3 和 TiO_2。这些金属氧化物沉积到样品表面，就能形成金属氧化膜。

16.4　热和电子束蒸发与磁控溅射的主要区别

热和电子束蒸发是用热的方法来进行金属的沉积，磁控溅射是用动量冲击的方法完成金属的沉积。这两种不同的方法会对金属的生长方式产生不同的影响。

1）溅射沉积的金属，它的台阶覆盖性要好于电子束和热蒸发，如图 16-14 所示。在一个完成了光刻图形的衬底上，当用热和电子束的方法蒸发金属膜时，由于这两种方法都是用热的方法使金属从固态升华变成气态蒸发到样品表面，这样产生的金属微颗粒的动能小，一旦接触到样品表面，就会停顿下来，由此可以看出，胶台阶的覆盖性不好。

溅射产生的金属微颗粒，由于它们是被 Ar^+ 轰击出来的，带有很大的动量，这些颗粒接触到衬底表面时，会在表面产生弹跳。当一层膜在窗口表面形成后，带有高动量的金属粒子会对沉积好的膜产生再溅射的效果。弹跳和再溅射的结果，使得金属颗粒能更好地覆盖在胶台阶的侧壁上，金属膜的覆盖性要好于热和电子束所做的膜。在通孔（见 11.1 节）填充工艺中，有相似的情形。

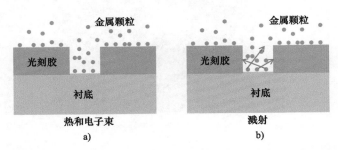

图 16-14　热和电子束蒸发（图 a）以及磁控溅射（图 b）

2）由于溅射出的金属粒子具有较大的动量，所以它们对衬底表面就有较大的破坏性，对一些器件会产生不利的影响。

3）在金属互连工艺中（见图 11-4），为了提高介质窗口台阶的覆盖性，要选用溅射工艺来完成金属膜的沉积，如图 16-15 所示。

电子束和磁控溅射也能用来进行介质膜的沉积。由电子束制备的膜和由溅射制备的膜，它们之间的差别和金属的类似。在参考文献 [4] 的文章中，GaN 的栅极介质 SiO_2 就是由溅射的方法沉积

图 16-15　金属互连工艺示意图

上的。由于溅射引入的表面损伤，二维电子气的浓度和电子迁移率都有所下降。这个现象和上面的第 2 条所描述的一致。作者采用后续的热退火处理解决了损伤所引起的浓度和迁移率下降的问题。

16.5　金属的剥离工艺

金属的蒸发和沉积完成之后，金属会覆盖在整个样品表面，要通过回刻蚀或剥离工艺来完成金属在样品表面的图形（见图 16-1）。如第 15 章所述，在干法刻蚀中，金属大多数是用氯基气体刻蚀，有些金属问题不大，例如铝，和氯反应之后的产物 $AlCl_3$ 的沸点是 180℃（见 15.3 节）。有些金属刻蚀起来就比较困难，例如镍，和三种常用的刻蚀气体氧气、氟气和氯气反应之后，其反应物的沸点都很高（超过 1000℃）。金属也可以用湿法刻蚀。图 16-16 是铬的刻蚀液。但由于湿法的各向同性，不利于小尺寸图形的制备。所以剥离工艺是在半导体制造中最常用的技术，如前所述，在剥离工艺中，要尽量选择热蒸发或电子束蒸发来制备金属膜。

剥离工艺就是先用光刻做完光刻胶图形，在完成的图形上蒸发金属后，用去胶剂（也称为剥离剂）将光刻胶去掉。没有胶覆盖的窗口，金属就会保留下来，其他的金属，和胶一起被去胶剂从样品表面剥离掉。剥离工艺有三大特点：

特点 1：金属图形的尺寸取决于光刻图形的尺寸，所以这个技术可以制作很小的金属图形，采用电子束光刻，甚至能完成纳米尺寸的金属结构。

特点 2：因为是去除光刻胶来实现金属的剥离，所以该技术可以应用到任何种类的金属中。

特点 3：由于不涉及金属的刻蚀，所以该技术可以很容易实现多层金属的蒸发和剥离。

从上面的讨论中，可以看到剥离的关键是去胶剂可以接触到胶，如果不能接触到胶，就不能实现剥离。我们前面讲过，光刻胶分为两类，即正胶和负胶。显影之后的图形如图 12-16 和图 12-17 所示，从这两个图中可以看到，正胶的显影截面不利于剥离，因为在蒸发过程中，金属膜很容易覆盖整个胶面，而负胶的显影截面有利于剥离，因为金属膜很容易产生断层，如图 16-17 所示。大部分的情况下，人们更多的使用正胶进行光刻，并且正胶能使用丙酮来实现剥离，价格便宜，操作方便。为了实现正胶的剥离，就需要对其截面进行以下的改造，使其有利于金属的剥离，改造的目的就是使显影后胶的截面从上宽下窄变成上窄下宽。有三种方法可以对正胶显影后的截面进行改造。

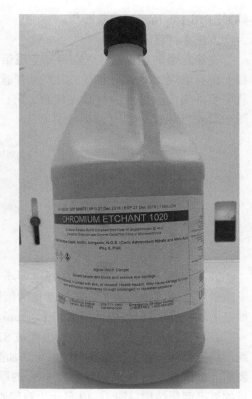

图 16-16　铬的刻蚀液

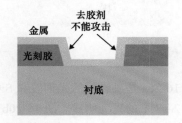 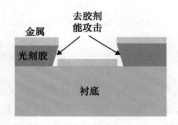

图 16-17　剥离工艺，左图的截面不好（正胶），右图的截面好（负胶）

方法 1：胶表面硬化技术

对于正胶 AZ 1350，曝光之后，显影之前，将样品浸入到氯苯（C_6H_5Cl）中 1 ~ 2min，就能使胶的表面硬化。把样品从氯苯中取出后，用氮气枪吹干，再显影，得到的截面如图 16-18a 所示 [5]。作者这里引用的文章虽然发表于 30 年前，但是仍有参考价值。

方法 2：胶反转技术

利用正胶 AZ 5214E，可实现胶的正负性反转，得到和负胶一样的截面。曝光之后，把样品放在和前烘温度一样的热板上几分钟，再泛曝光（不加光刻掩膜版的曝光），之后显影，就能得到如图 16-18b 所示的胶截面[6]。

方法 3：双层胶技术

在涂普通的正胶前，先在样品上甩第一层胶，剥离胶（LOR）或聚酰胺酸（PA）[5]，在热板上进行前烘，之后涂上第二层胶（普通的正胶），在热板上进行软坚膜，前烘的温度要高于软坚膜的温度。之后进行曝光显影，第一层胶的显影速度快于第二层，显影之后的胶截面如图 16-18c 所示。

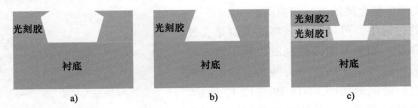

图 16-18 改造之后的正胶截面示意图：a）胶表面硬化；b）胶反转；c）双层胶

在这三种方法中，金属膜的厚度要小于胶的厚度，才能顺利实现金属的剥离。金属厚度小于胶的厚度，这也是在工艺中最常见的情形。一般来说，物理气相沉积（PVD）的金属厚度一般是 100 ~ 500nm，而胶的厚度是 1 ~ 2μm。

在双层胶工艺中，第一层胶也能被 SiO_2 取代，此技术被称为 SiO_2 辅助剥离工艺[5]。此时就不用前烘这一步，但需要刻蚀，干法加湿法，加湿法的目的是增加 SiO_2 的侧向刻蚀，有利于剥离。如果控制好金属的厚度和 SiO_2 的厚度，使得金属比 SiO_2 稍薄一点，就能实现金属剥离后的近平面化结构。图 16-19 显示出双层胶剥离和 SiO_2 辅助剥离之后的区别。

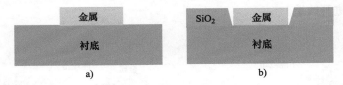

图 16-19 剥离之后的结构：a）双层胶剥离之后的图形；b）SiO_2 辅助剥离之后的图形

我们在这里有一个 SiO_2 辅助剥离的例子。图 16-20a 是显影后的光刻胶和 SiO_2 的照片，该照片清晰地显示出了胶的上宽下窄的结构，比图 12-17 中的更为明显。图 16-20b 是没经过 SiO_2 刻蚀就进行金属镍（Ni）剥离的情形，镍根本没剥下来，覆盖在整个样品表面。经过 SiO_2 的干湿法刻蚀后，镍被容易地顺利地剥离下来，图形完美，如图 16-21 所示。

如果我们必须用干法刻蚀金属，刻蚀之后的去胶要小心。对于正胶，常用的去胶剂是丙酮。在干法刻蚀工艺中，由于等离子体的作用，使得胶的表面会发生改变，产生不能溶于丙酮的硬壳。功率越大，刻蚀时间越长，这层硬壳越厚。这种现象在干法刻蚀硅、SiO_2 和 Si_3N_4 时也会出现。如果把样品平着放入液体，如图 16-22a 所示，丙酮能把硬壳下面的胶去掉，但硬壳会留在样品表面，如图 16-23 所示。所以干法刻蚀后，把样品放入丙酮时，要竖着放，如图 16-22b 所示，这样硬壳就会掉到溶液里，而不会留在样品表面。如果刻蚀时间太长，在把样品放入到丙酮之前，要用氧等离子体刻蚀胶几分钟。如有必要，还要辅助于超声振动。

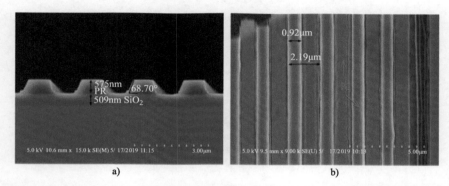

图 16-20　a）显影之后 SiO_2 表面胶的截面图；b）没有 SiO_2 刻蚀金属镍剥离后的情形

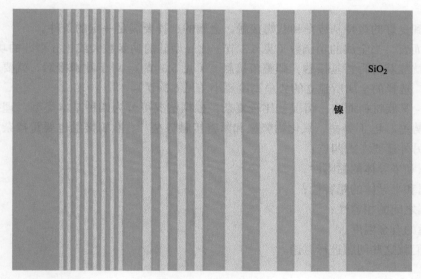

图 16-21　对 SiO_2 进行刻蚀后，镍剥离出来的图形

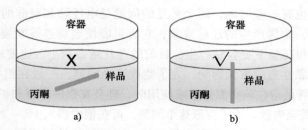

图 16-22　干法刻蚀后，如何把样品放入到丙酮中：a）错误；b）正确

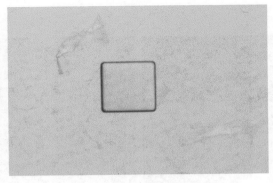

图 16-23 留在样品表面的胶硬壳

16.6 金属的选择和合金工艺

为了得到良好的肖特基势垒和欧姆接触，金属的选择要满足一定的条件。

对于硅而言，当金属的功函数（见 6.3 节）比 n 型硅的功函数大或比 p 型硅的功函数小时，两者的接触就能获得肖特基接触[7]（见 5.3 节）。对于欧姆接触，就要对衬底表面进行重掺杂，选择的金属所建立的势垒高度要小（见 6.3 节）。

对于 Ⅲ - Ⅴ 族材料而言，情况就比较复杂，根据情况可分为四种基本类型：理想的或近理想的肖特基势垒、巴丁势垒、氧化物势垒和紧密接触势垒[8]。欧姆接触也要重掺杂，以 n 型半导体为主。另外还要考虑四点：

1）金属和半导体的黏附性；

2）金属和半导体的相容性；

3）金属之间的相容性；

4）合适的合金温度。

下面我们就这些问题进行讨论。

16.6.1 金属的选择

铝是半导体工艺中最常用的金属。铝的价格低廉、电阻率低、工艺简单以及黏附性好。但在使用的过程中，铝也有一些问题，两个常见的问题是电迁移和对硅的溶解。电迁移是指在电流和温度的作用下，金属产生的迁移现象，它有可能使金属连线断裂，使得芯片报废。这种现象在大电流密度和高频下更容易产生，目前的芯片越做越小，速度越来越快，处理不好，电迁移会对芯片的可靠性造成重大影响。为了克服这个问题，一般在铝中加入 4% ~ 5% 的铜（见图 11-4）。硅的溶解是指在较高温处理或使用时，硅会在铝中溶解和扩散，硅表面出现腐蚀坑，使器件特性退化甚至失效。为了克服这个问题，可在铝中掺入 1% ~ 2% 的硅。

金是另一个常用的金属。金的电阻率低于铝，电迁移特性好于铝，延展性好。由于它容易在硅中产生深能级陷阱和复合中心（见图 5-6），所以通常在硅工艺中是避免用金的。金在

GaAs 芯片中得到了广泛的应用。但金和砷化镓的表面接触的特性不太好，所以需要多层金属工艺，例如肖特基势垒的 Au/Pt/Ti 结构，Ti 是势垒金属，Pt 是阻挡层，Au 是导电层。在欧姆接触的 Au/Ge/Ni 结构中，Ni 是黏附层，Ge 是阻挡层，Au 是导电层。

在工艺中，特别是键合工艺（在第 18 章介绍），要避免金和铝的互相接触。它们之间的接触会产生金属间化合物，包括 Au_5Al_2、Au_2Al、$AuAl$、$AuAl_2$[9]。被称为紫斑的 $AuAl_2$ 会在键合的可靠性上带来大的问题，所以要尽量避免。

除了上述的金属系统外，还有铜互连技术、难溶金属钨工艺、钨连接塞（见图 11-4）和多晶硅栅技术等，这些在这一节中就不多介绍了。

16.6.2　金属的合金

为了有良好的肖特基势垒和欧姆接触，金属蒸发和沉积之后，还要完成合金工艺，使得金属和半导体接触表面产生浅层的融合，达到良好接触的目的。合金有时又称为退火，分为炉管式和快速式，炉管式和热氧化炉的结构一样，而快速式被称为快速热退火（Rapid Thermal Annealing，RTA 或者快速热处理（Rapid Thermal Processing，RTP），它是用卤素灯作为加热源，其结构如图 16-24 所示。炉管式的温度上升时间长，适合长时间（例如 30min 或以上）的退火工艺。RTA 上升时间快，可达到 20 ~ 50℃/s，可实现几秒到几分钟的退火，由于它的温度上升时间快，退火时间短，所以被称为快速热退火（RTA），金属的合金工艺多采用 RTA。大部分的合金温度在 300 ~ 500℃，时间是 1 ~ 5min。根据不同的器件，可能需要炉管式进行 30min ~ 1h 的退火，这需要我们进行实验以确定最好的条件。退火工艺有时不能同时完成，在这种情况下，要先完成较高温度的合金，再做较低温度的合金。

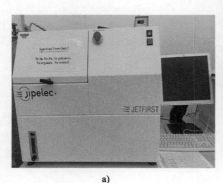

a)　　　　　　　　　　　b)

图 16-24　RTA 设备（图 a）和内部结构（图 b）

合金时，大部分是通入氮气进行保护，以避免高温时氧气对金属产生的反应，使得合金结构变坏。有时也采用 $95\%N_2+5\%H_2$ 的混合气体，这种气体被称之为合成气体。采用合成气体进行退火的一个例子是，SiO_2 做介质时，退火时一些氧可能从介质膜中逃逸出来，这些氧可能和金属膜产生反应，使金属的电阻率提高，表面变得粗糙，这种现象对于铝的影响比较严重。用合成气体，其中的氢气可以和逃逸出来的氧反应，以保护金属膜，改善金属的合金特性。

参 考 文 献

1 饭田修一, 大野和郎, 神前熙等. (1979). 物理学常用数表, [日], 科学出版社, 1979, 198 页。

2 Sarangan, A. (2019). *Nanofabrication Principles to Laboratory Practice*, 54. CRC Press.

3 Greene, J.E. (2017). Review Article: Tracing the recorded history of thin-film sputter deposition: From the 1800s to 2017. *Journal of Vacuum Science & Technology A* 35, 05C204: 25.

4 Pang, L., Lian, Y., Kim, D.S. et al. (2012). AlGaN/GaN MOSHEMT with high-quality gate-SiO_2 achieved by room-temperature radio frequency magnetron sputtering. *IEEE Transactions on Electron Devices* 59 (10): 2650–2655.

5 廉亚光. (1991). 用正性光刻胶进行GaAs IC的非辅助直接剥离技术, 半导体情报, 年, 第 28 卷, 第 3 期, 53 页。

6 MicroChemicals, Basics of Microstructuring, Image Reversal Resists and Their Processing.

7 电子工业生产技术手册 7, 半导体与集成电路卷, 硅器件与集成电路, 581页, 国防工业出版社, 1991年。

8 电子工业生产技术手册 8, 半导体与集成电路卷, 化合物半导体器件, 360页, 国防工业出版社, 1992年。

9 Galli, E., Majni, G., Nobili, C., and Ottaviani, G. (1980). Gold-aluminum intermetallic compound formation. *Electrocomponent Science and Technology* 6: 147–150.

第 17 章

掺杂工艺

在半导体芯片制造中，需要通过改变原半导体衬底材料的电学特性（n 型、p 型和半绝缘）来制造基本的器件结构，例如 p-n 结、重掺杂的欧姆接触区和绝缘隔离区，这些结构可以用掺杂工艺来完成。在硅技术中，光刻、氧化和掺杂是平面工艺的三驾马车。掺杂工艺主要包括两种技术：热扩散和离子注入。由于在 III - V 族半导体中没有氧化工艺，所以其绝缘隔离区一般是用离子注入完成的。下面我们就这个工艺展开讨论。

17.1 掺杂的基本介绍

关于掺杂，我们在 5.2 节就有所介绍，掺磷可使硅变成 n 型半导体，掺硼可使硅变成 p 型半导体，掺硅可使砷化镓变成 n 型半导体。其实不是只有这三种掺杂剂，其他的元素也有同样的功能，只不过这三种元素是最常用的。

如上所述，掺杂主要分为热扩散和离子注入。热扩散是把硅样品放置在 900 ~ 1200℃高温下，掺杂剂通过扩散的方法进入到硅的内部，热扩散也简称为扩散。900 ~ 1200℃对 III - V 族材料来说显然是太高了，这种材料的掺杂方法主要是采用离子注入的方法。离子注入是将所要掺杂的原子或分子电离，电离后的正离子在电场的加速下，以高能量的形式射入到半导体衬底或样品中，从这个意义上看，它的工作原理和 RIE、金属的溅射技术类似，但整套设备要复杂昂贵得多。

热扩散是高温工艺，只能采用 SiO_2 或 Si_3N_4 作为掩蔽膜，我们更多的是采用 SiO_2。实际上，硅的杂质扩散经常是和热氧化同时进行，它适用于深层掺杂。离子注入是常温工艺，所以可以利用 SiO_2 或 Si_3N_4 作为掩蔽膜，也可以使用光刻胶作为注入的掩蔽膜。根据能量的不同，离子注入可实现从浅层到深层的掺杂，现在已被广泛地用于硅和 III - V 族芯片的制造中。

17.2 扩散的基本原理

杂质原子在硅中主要是通过 6 种方式来实现扩散的（见图 17-1）：
1）杂质原子可占据正常的晶格位置，这个就是替代式杂质。
2）杂质原子可占据晶格的空位，这个就是间隙式杂质。

3）如果一个杂质原子想成为掺杂原子，它就必须占据替代的位置，这样才能被电离而成为施主或受主杂质。

4）间隙式杂质可以快速地扩散，因为它们不需要把键打断。

5）替代式杂质扩散慢，因为它们要打断晶格上原来的键并在此建立新键。

6）把一个杂质原子从间隙位置运行到替代位置，这个过程就是掺杂激活[1]。

图 17-1b、c、e 和 f 是替代式杂质的情形。硼和磷是替代式杂质。

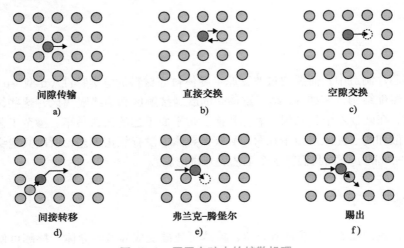

图 17-1　原子在硅中的扩散机理

最早用数学公式解释扩散现象的是菲克定律，是德国科学家阿道夫·菲克 [Adolf Eugen Fick（1829.9.3—1901.8.21）] 在 1855 年提出的。这个定律可被分解成菲克第一定律和菲克第二定律。如果假设杂质只在一个方向（和样品表面垂直）扩散，即一维扩散的情形，那么杂质在硅中扩散的模式可通过求解菲克第二定律得到：

$$\frac{\partial N}{\partial t} = D\frac{\partial^2 N}{\partial x^2} \tag{17-1}$$

这是一个偏微分方程，可用来求解一维扩散。$N = N(x, t)$ 是杂质在硅中的浓度；D 是扩散系数，单位是 cm²/s。扩散系数越大，杂质的扩散速度越快。D 遵循阿伦尼乌斯方程，可重写成以下形式：

$$D = D_0 \exp(-E/k_B T) \tag{17-2}$$

D_0 是和杂质相关联的常数。固体扩散的典型激活能（方程中的 E）为 3.3 ~ 4.4eV[1]。另外，杂质在硅中有一个最大的溶解度，被称为固溶度，在 1200℃时，硼的固溶度是 5×10^{20} 原子 /cm³；在 1150℃时，磷的固溶度是 1.3×10^{21} 原子 /cm³[2]。相比较，我们可以参考 6.3 节列出的主要半导体的原子浓度。

17.3　热扩散

如上所述，热扩散是杂质在 900 ~ 1200℃下通过扩散的方式进入到硅晶体的内部。这种扩散方式主要以两种方式进行，即恒定表面源扩散和限定源扩散，这也是扩散工艺中最常用的两步扩散法：第一步是预沉积，采用恒定表面浓度扩散的方式；第二步是再分布，采用限定源扩散的方式。虽然通过求解菲克第二定律得到的结果和实际结果有所出入，但是整个的趋势和实际相吻合。通过对这个定律进行其他因素的修正，就能得到和实际相一致的结果。我们在这一章就对一维的情况做个简单的介绍，以了解扩散在硅中是如何进行的。

恒定表面源扩散，是指在扩散过程中表面的浓度不变，预沉积就是这种情形。预沉积的意思是，将掺杂源先在短时间内沉积在样品表面，那么我们就可以认为在硅表面形成一个均匀的薄的掺杂层。随着时间的推移，杂质通过扩散就会向硅片内部推进，但表面浓度不变。求解菲克第二定律，可得到杂质的浓度分布是余误差函数（erfc）分布。

限定源扩散，是指在扩散过程中，杂质总量是恒定的，再分布就是这种情形。再分布的意思是，在预沉积结束后，取走杂质源，在高温下使杂质继续扩散，推进到硅的内部。由于没有杂质源，扩散过程中的杂质总量就是预沉积时沉积到表面的杂质。再分布工艺有时又称为杂质驱入扩散，通过求解菲克第二定律，可得到杂质的浓度分布是高斯函数分布。高斯 [Johann Carl Friedrich Gauss（1777.4.3—1855.2.23）是德国数学家和物理学家。

两种分布曲线如图 17-2 所示，图中 x 是从硅片表面指向内部方向；t 是时间；N_s 是表面浓度，它的最大值是该杂质在扩散温度时的固溶度；N_{sub} 是衬底浓度。

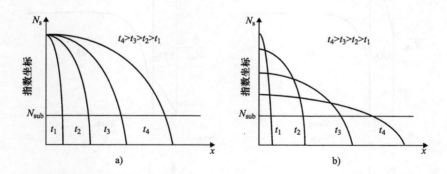

图 17-2　恒定表面源扩散杂质分布示意图（图 a）和限定源扩散杂质分布示意图（图 b）[3]

17.4　杂质在 SiO$_2$ 内的扩散和再分布

SiO$_2$ 在掺杂工艺中起着重要作用，它主要在两个方面影响着热扩散，一是再分布工艺常常和热氧化工艺同时进行，二是热氧化膜作为扩散的掩蔽膜，在工艺上得到了广泛的应用，所以要对杂质在 SiO$_2$ 中的扩散行为以及在 Si-SiO$_2$ 界面的再分布进行讨论，在这一节还是用硼和磷为例来说明。为了讨论这个问题，我们需要引入分凝系数 m，定义为杂质在硅中的平衡浓度 N_{Si}

和在 SiO_2 中的平衡浓度 N_{SiO_2} 之比:

$$m=\frac{N_{Si}}{N_{SiO_2}} \qquad (17\text{-}3)$$

根据实验结果,硼的 m 值为 0.1 ~ 0.3,磷的 m 值约为 10[2]。分凝系数是影响热氧化杂质再分布的第一个原因。存在两种可能性:①氧化层吸引杂质($m<1$);②氧化层排斥杂质($m>1$)。

影响再分布的另一个因素是杂质在 SiO_2 中的扩散系数,扩散系数越大,扩散速度越快。如果杂质在 SiO_2 中的 D 值较大,杂质就会快速穿过 SiO_2 膜,最坏的情形是 SiO_2 膜不能作为杂质扩散的掩蔽膜来使用。对于常用的杂质硼和磷来说,它们在 SiO_2 中的扩散系数要远小于在硅中的扩散系数,硼和磷在硅中的 D_0 是 $10.5cm^2/s$。当温度低于 1100℃时,硼在 SiO_2 中的 D_0 是 $2.8 \times 10^{-4}cm^2/s$;当温度高于 1100℃时,为 $5.8 \times 10^{-11}cm^2/s$。磷在 SiO_2 中的 D_0 是 $1.59 \times 10^{-11}cm^2/s$[4]。所以我们可以用 SiO_2 作为硼和磷扩散掩蔽层。

影响再分布的第三个因素是氧化速率。热氧化时,氧化层的厚度不断加厚,Si-SiO_2 界面随着时间而移动,这个移动速率对再分布也有重要的影响。

图 17-3 所描述的四种情形是用衬底杂质浓度为例来说明杂质在 Si-SiO_2 界面再分布的情况,结合预沉积的杂质分布,就能估计出热氧化杂质驱入扩散后界面的再分布情况。图 a 和 b 是分凝系数小于 1,SiO_2 累积杂质。情形 a 是杂质在氧化层中慢扩散,硼就是这种情况;情形 b 是杂质在氧化层中快扩散,当热氧化含有 H_2 的氛围(湿法的一种方式)时,硼就表现出这种情

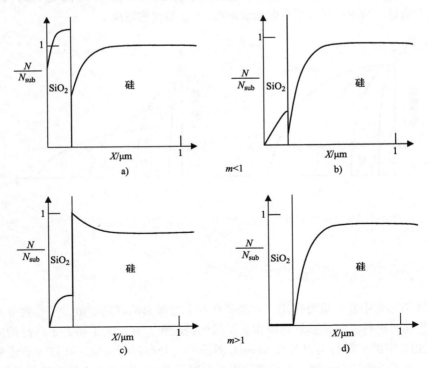

图 17-3 杂质在 Si-SiO_2 界面再分布示意图[3]

况。图 c 和 d 是分凝系数大于 1，SiO$_2$ 排斥杂质。情形 c 是杂质在氧化层中慢扩散，磷就是这种情况；情形 d 是杂质在氧化层中快扩散，镓就是这种情况。

17.5 最小 SiO$_2$ 掩蔽层厚度

虽然硼和磷在 SiO$_2$ 的扩散系数要远小于硅中的扩散系数，但是杂质在 SiO$_2$ 中还是扩散的，所以要以 SiO$_2$ 作为掩蔽膜进行扩散，还要考虑需要进行掩蔽的 SiO$_2$ 最小厚度。在前面的一节中，硼和磷在 SiO$_2$ 中的 D_0 显示出，硼的扩散系数大于磷的，这表明在 SiO$_2$ 中硼的扩散速率大于磷。在 17.4 节中指出硼和磷在 SiO$_2$ 中的扩散速率远小于在硅中的，其目的是想表明，我们可以用 SiO$_2$ 作为掩蔽膜来进行硼和磷的扩散。然而在实际上，通入扩散炉中的气体不同，硼和磷在 SiO$_2$ 中的扩散速率是不同的，一些情况下，硼扩散得快，而一些情况下，磷扩散得快。要想了解详情，请看参考文献 [5]。在 17.7 节要讨论的硼硅玻璃和磷硅玻璃是常用的扩散技术。这两个技术通常使用氮气，在此情形下，SiO$_2$ 中硼的扩散速率小于磷的。如果衬底表面的浓度（N_s）和硅的衬底浓度（N_{sub}）之比是 3×10^3，那么所需 SiO$_2$ 的最小厚度和温度及时间的关系如图 17-4 所示。

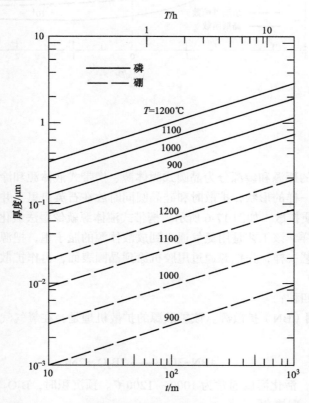

图 17-4 SiO$_2$ 掩蔽硼和磷的最小膜厚与温度和时间的关系 [6]

17.6 杂质在 SiO₂ 掩蔽膜下的分布

当杂质通过掩蔽膜进行扩散时，杂质原子除了向硅衬底内部纵向扩散外，还会沿着掩蔽膜与硅的界面横向扩散。以衬底浓度 N_{sub} 为准，杂质在衬底表面的浓度 N_s 越高，杂质扩散的深度（纵向和横向）越深，如图 17-5 所示。图中的虚线是余误差函数（erfc）分布，实线是高斯分布。对于给定的 N_s/N_{sub}，图中的 y_j/x_j 是横向扩散深度和纵向扩散深度之比。

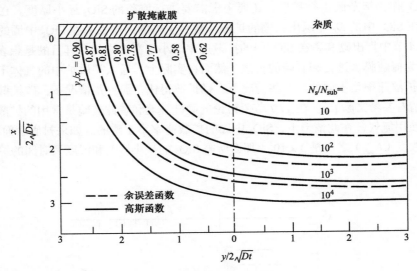

图 17-5　掩蔽膜下的杂质横向扩散

17.7 扩散杂质源 [2]

用于硅杂质扩散的硼源和磷源分为晶圆式固体源、携带式液体源和涂层式乳胶源。晶圆式固体源做成和硅晶圆一样的形状，扩散时和硅晶圆同时放在石英舟里，并将其放入到石英管里加热，对硅片进行杂质扩散，如图 17-6 所示。携带式液体源就像湿法氧化通氧气到水瓶，把水蒸气带到石英管里一样，该工艺是用氮气通入到放液体源的瓶子里，把源携带到石英管里。涂层乳胶源，和涂胶工艺一样，先把源通过甩胶机涂到晶圆表面，再作扩散。下面我们就分段进行简要介绍。

硼源主要有以下四种：

1）晶圆状氮化硼（BN）扩散源。该扩散源的扩散机理是，在氧气气氛中加热时，源表面形成一层三氧化二硼：

$$4BN+3O_2 \longrightarrow 2B_2O_3+2N_2 \tag{17-4}$$

该过程称为活化，活化温度通常为 1000 ~ 1200℃。预沉积时，B_2O_3 和硅反应，还原出硼原子向硅中扩散完成 p 型掺杂：

$$2B_2O_3+3Si \longrightarrow 3SiO_2+4B \tag{17-5}$$

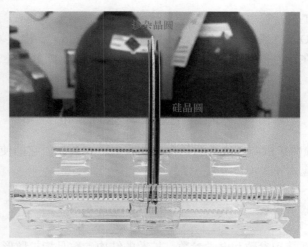

图 17-6 晶圆式固体源和硅晶圆的放置方式

式（17-5）的产物里含有 SiO_2 和 B，所以被称为硼硅玻璃（BSG）。在工艺中，除了在活化一步用氧气外，其他步骤用氮气。

2）硼微晶玻璃晶圆状扩散源。该扩散源是以 B_2O_3 为主的和多种氧化物组成的混合物，它包含 50% B_2O_3、20% ~ 40% SiO_2、20% ~ 30% Al_2O_3 和 5% ~ 15% MgO+BaO，其扩散机理按反应式（17-5）进行。其中一个理由是，B_2O_3 具有低熔点（460℃），而其他的熔点高。在扩散过程中，只有 B_2O_3 大量从源中逸出来完成硼的扩散，几乎不会产生其他金属的扩散。

3）硼酸三甲酯 $[B(OCH_3)_3]$ 源。它是无色透明的液体，沸点 67.8℃，熔点 −29.2℃。使用时用氮气携带到石英管，在高于 500℃ 时发生热分解反应：

$$B(OCH_3)_3 \longrightarrow B_2O_3 + CO_2 + H_2O + C + \cdots \qquad (17-6)$$

之后又回到反应式（17-5）。

4）二氧化硅乳胶硼扩散源。该扩散源是一种含有硼的乳胶，采用涂胶的方式，将它旋涂于硅晶圆表面，在 300℃预烘焙，源中的溶剂挥发，并经过其他的化学反应，在硅表面形成含硼的 SiO_2 层，高温下（1000 ~ 1200℃），硼向硅内部扩散。其反应机制也是遵守式（17-5）。

磷源主要有以下三种：

1）晶圆状磷源是焦磷酸硅（SiP_2O_7）和偏磷酸铝 $[Al(PO_3)_3]$ 烧结而成的固体，做成晶圆状。扩散温度下，发生如下反应：

$$SiP_2O_7 \longrightarrow SiO_2 + P_2O_5 \qquad (17-7)$$

$$Al(PO_3)_3 \longrightarrow AlPO_4 + P_2O_5 \qquad (17-8)$$

$$2P_2O_5 + 5Si \longrightarrow 5SiO_2 + 4P \qquad (17-9)$$

反应式（17-9）中的产物含有 SiO_2 和 P，所以被称为磷硅玻璃（PSG），PSG 中磷原子向硅中扩散完成 n 型掺杂。式（17-8）中的 $AlPO_4$ 的分子结构很稳定，在扩散温度下，不会游离出铝对硅进行掺杂。在工艺过程中使用氮气。

2）三氯氧磷（$POCl_3$）源。它是无色透明液体，熔点 1.25℃，沸点 105.3℃，用氮气携带至石英管内，高温下在管内和氧气以及硅发生以下反应，所以，除氮气外，还使用氧气：

$$4POCl_3 + 3O_2 \longrightarrow P_4O_{10} + 6Cl_2 \tag{17-10}$$

$$P_4O_{10} + 5Si \longrightarrow 5SiO_2 + 4P \tag{17-11}$$

3）二氧化硅乳胶磷扩散源。这个源是在硅乳胶中融入 P_2O_5，它的使用方法和二氧化硅乳胶硼扩散源一样，反应式和式（17-9）一样。

17.8　扩散层的参数 [2]

扩散层的参数包括结构参数和电学参数。扩散的结构参数是指扩散形成的 p-n 结几何位置，即 p-n 结离扩散层表面的距离，称为结深，用符号 x_j 表示，其表达式为：

$$x_j = A\sqrt{Dt} \tag{17-12}$$

式中，D 是杂质在硅中的扩散系数；t 是时间；A 是与表面浓度和衬底浓度之比有关的常数。

扩散结的电学参数是用扩散层的薄层电阻来表示。表面为正方形的半导体薄层，在平行于正方形一边的电流方向所呈现的电阻称为扩散层薄层电阻，如图 17-7 所示。薄层电阻的符号为 R_s，单位为 Ω：

$$R_s = \frac{1}{\bar{\sigma} x_j} \tag{17-13}$$

式中，$\bar{\sigma}$ 是薄层的平均电导率，单位是 $(\Omega \cdot cm)^{-1} = \dfrac{1}{\Omega \cdot cm}$。电导率是电阻率的倒数 [见关系式（1-4）]，所以薄层电阻也可写成：

$$R_s = \frac{\bar{\rho}}{x_j} \tag{17-14}$$

式中，$\bar{\rho}$ 是薄层的平均电阻率。薄层电阻的定义在工艺中有很大用处，因为这个值只和一个扩散层的方块有关，所以该电阻又被称为方块电阻。方块电阻和该方块的具体尺寸 l 无关，所以一旦测出方块电阻，就很容易得到一个扩散层的电阻。请看图 17-8 所示的条形扩散层示意图，图中"扩散区"是杂质的扩散层区域，这个扩散层的方块数是长宽比 l/w，该扩散层的电阻 R 就是薄层电阻乘以方块数：

$$R = R_s \cdot \frac{l}{w} \tag{17-15}$$

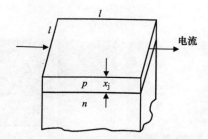

图 17-7　扩散层薄层电阻示意图

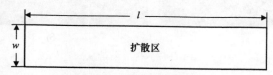

图 17-8　条形扩散层示意图

17.9　四探针测试方块电阻

测试方块电阻主要采用四探针测量法。图 17-9 是四探针测样品示意图，由同一平面上排成一直线且距离相等的四个探针组成，两探针之间的距离 $s = 1\text{mm}$。测量时同时压在被测样品表面，外面的两个探针通以恒定的小电流，里面的两个探针用于测量电压。对于矩形样品，$a/b \geqslant 4$。如果样品的尺寸远大于探针的间距，那么薄层电阻 R_s 为 [2]：

$$R_s = \frac{\pi}{\ln 2}\frac{V}{I} = 4.5324\,\frac{V}{I} \qquad (17\text{-}16)$$

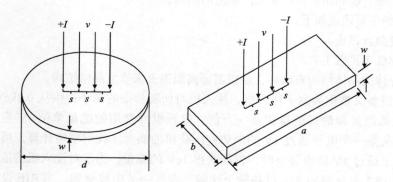

图 17-9　四探针测方块电阻示意图 [3]

图 17-10 是四探针测试仪照片。四探针的方法不仅用在方块电阻的测量上，蒸发或溅射之后的金属也常常采用该方法来测量其电阻。

a)　　　　　　　　　　b)

图 17-10　四探针测试仪照片：a）设备照片；b）四个探针

17.10　离子注入工艺

离子注入也是掺杂工艺的一个重要手段，通常来说，早期的半导体制造中，扩散是制造p-n结的基础工艺。但当器件进入到亚微米尺寸时，离子注入成为掺杂的标准工艺。和热扩散相比，离子注入主要有以下的优点：

1）可实现从浅层到深层的大范围掺杂。

2）由于是常温工艺，所以可采用 SiO_2、金属膜和光刻胶作为掩蔽膜。

3）除用于硅之外，该技术还可用于 Ⅲ - Ⅴ族材料的掺杂。

4）横向扩散小，对制造小尺寸器件有利。

5）可突破杂质固溶度的限制。

6）可以实现一些利用扩散技术无法制造的结构。

离子注入的主要缺点如下：

1）设备复杂且昂贵。

2）产出率低于扩散工艺。

3）对半导体的晶体结构有破坏，所以需要高温退火来修复晶格结构。

离子注入设备又被称为离子注入机，注入机对所要掺杂的离子提供从 0.2keV ~ 2MeV[3] 的加速能量，最低能量和最高能量相差一万倍。微观世界常用的能量单位 eV 是在第 2 章引入的，其物理意义是一个电子通过 1V 的电势差所获得的能量。我们粗略计算，可以认为所有带一个电荷的离子通过 1V 的电势差时，就能获得 1eV 的能量。为了对注入机的能量有个直观的了解，我们用 15.2 节介绍的 RIE 设备做个比较，在这一节中曾提到，当 RIE 设备的直流偏压超过 500V 时，系统就会报警。如果用 500V 做例子，一个离子通过 500V 的偏压时，能获得 500eV=0.5keV 的加速能量，由此可以看出，RIE 设备对离子提供的能量相当于离子注入机的最低能量端。图 17-11 是离子注入机结构示意图。

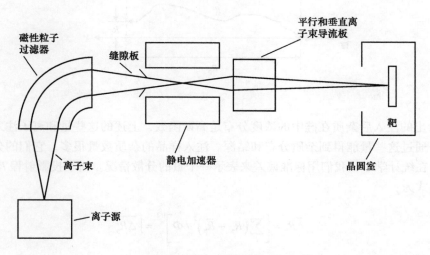

图 17-11 离子注入机结构示意图[7]

注入机是用电流来标识离子束的强弱，通常情况下的电流范围是 1μA ~ 30mA，特殊用途的注入机的电流是 50 ~ 100mA。通过电流，我们来定义注入剂量 Φ[3]：

$$\Phi = \frac{It}{qA} \qquad (17\text{-}17)$$

Φ 的单位是每平方厘米的原子数（原子 /cm²）。式中，I 为离子束电流（A）；t 是注入时间（s）；q 是一个离子的电荷量（通常等于一个电子的电荷量 =1.6 × 10⁻¹⁹C）；A 是离子束面积（cm²）。

17.11 离子注入的理论分析

一个离子从进入到靶（样品）表面到停止点所通过的路径总长度称为射程，用 R 表示；R 在入射（X）方向的投影长度称为投影射程，用 R_p 表示；R 在垂直于入射方向的平面内的投影长度称为射程的横向分量，用 R_t 表示。图 17-12 是这三个量的示意图。我们用 i 来表示射入到靶的离子个数，每个离子的 R_p 不同，用 R_{pi} 表示，将所有入射到单位面积离子的 R_{pi} 加起来，表示为 $\sum_i R_{pi}$，再除以注入剂量 Φ，得到平均投影射程 $\bar{R}_p$[8]：

$$\bar{R}_p = \sum_i R_{pi} / \Phi \qquad (17\text{-}18)$$

同样地

$$\bar{R}_t = \sum_i R_{ti} / \Phi \qquad (17\text{-}19)$$

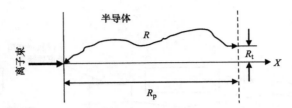

图 17-12　离子注入样品后的射程、投影射程和横向分量示意图

理论给出的注入后杂质在硅中的浓度分布是高斯函数，上述的这些量和离子注入能量有密切的关系，通过这些量能得到杂质分布和结深。注入样品的杂质数量很多，它们的分布是一个统计分布。在统计学中，我们用标准偏差来表示一个量的分散情况。对于投影射程 R_p 的标准偏差，其表达式为：

$$\overline{\Delta R_p} = \left[\sum_i \left(R_{pi} - \overline{R}_p \right)^2 / \Phi \right]^{1/2} = \left[\overline{\Delta R_p^2} \right]^{1/2} \tag{17-20}$$

横向分量的标准偏差有类似 $\overline{\Delta R_t}$ 的结果。我们在此主要考虑入射方向的分布，横向分布相对于热扩散要小得多，就不讨论了。那么理论上推出的注入离子浓度 N 分布表达式为：

$$N(x) = \frac{\Phi}{\sqrt{2\pi \Delta R_p}} \exp \left[\frac{-(x - R_p)^2}{2\overline{\Delta R_p}^2} \right] \tag{17-21}$$

浓度的最大点在 $x = R_p$ 处，表达式为：

$$N_{max} = \frac{\Phi}{\sqrt{2\pi \Delta R_p}} \approx \frac{0.4\Phi}{\Delta R_p} \tag{17-22}$$

将 p 型（或 n 型）杂质离子注入 n 型（或 p 型）衬底。当注入杂质的浓度等于衬底浓度 N_{sub} 时，该深度称为结深 x_j，其表达式为[2]：

$$x_j = \overline{R}_p + \overline{\Delta R_p} \left(2\ln \frac{N_{max}}{N_{sub}} \right)^{1/2} \tag{17-23}$$

17.12　注入后杂质的分布

根据式（17-21），离子注入的分布和热扩散不同，扩散时的浓度最高点在表面，而注入浓度分布的峰值在 R_p 处，图 17-13 是硼用不同能量在非晶硅注入后的原子浓度分布图。对于热扩散，杂质浓度峰值位于衬底表面（见图 17-2）。对于离子注入，杂质浓度峰值位于衬底表面以下，注入功率越高，浓度峰值越深。

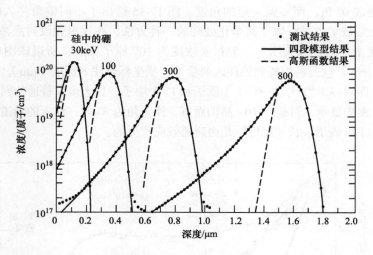

图 17-13　硼在非晶硅注入后的原子浓度分布图 [3]

图 17-13 之所以用非晶硅为例来说明，是因为当离子注入单晶硅时，由于晶格的有序排列，沿着晶向，就好像有孔洞一样，不同的晶向，孔洞的大小不同。注入后，离子沿着孔洞进入到硅的深度要大于理论和模型所预测的值，这个现象就是离子注入的通道效应。图 17-14 是注入的通道效应和硅晶体孔洞示意图。

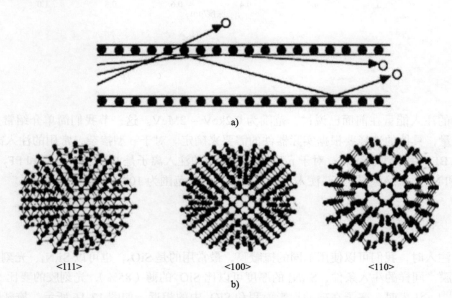

图 17-14　a）离子以不同角度进入晶体孔洞的弹道示意图（通道效应）和
b）硅不同晶向的孔洞示意图 [3]

为了避免通道效应，在做注入工艺时，样品表面和离子注入方向不是垂直的，即离子方向和孔洞方向不是成 0° 角，而要偏一定的角度。图 17-15 给出了不同偏角注入的通道效应大小示意图。归一化是数学中进行数字简单化处理的一种方法，在这里假设衬底浓度为 1，注入的浓度就以和衬底浓度之比来表示，一般衬底浓度为 10^{16} 原子 $/cm^3$，所以该图的纵坐标范围是 $10^{17} \sim 10^{20}$ 原子 $/cm^3$。Q 是前面提到的注入剂量 Φ，横坐标是注入深度（μm），注入的杂质是放射性同位素磷，即磷 -32（^{32}P）。^{32}P 有 15 个质子和 17 个中子，比大多数普通的同位素磷（磷 -31）多出一个中子。图中显示，对硅 <110> 晶轴而言，注入角为 8° 时，注入的通道效应最小，此图中的硅晶向用 <110> 表示。长 "尾巴" 是由通道效应产生的。

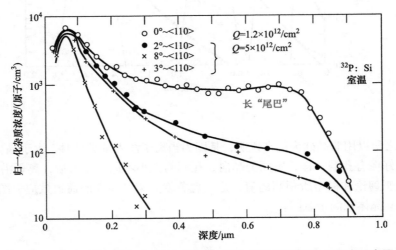

图 17-15　40keV 磷离子在硅 <110> 晶轴不同入射角对应的注入深度示意图[9]

17.13　注入杂质的种类和剂量 [2]

杂质的注入能量在前面已说过，范围为 0.2keV ~ 2MeV。这一节我们简单介绍常用的注入杂质和剂量，具体的选择要根据实际器件的需要来确定。对于 p 型掺杂，常用的注入离子是 B^+ 和 BF_2^+，BF_2^+ 用于浅层注入；对于 n 型掺杂，常用的注入离子是 P^+、As^+、Sb^+ 和 PF_2^+。另外，还用 O^+ 和 N^+ 形成绝缘层，Ar^+ 注入形成高阻层。剂量范围为 $10^{10} \sim 10^{18}$ 原子 $/cm^2$。

17.14　掩蔽膜的最小厚度

选择注入时，我们可以使用不同的掩蔽膜，最常用的是 SiO_2，也可以 Si_3N_4、光刻胶和金属作为掩蔽膜。同样的注入条件，Si_3N_4 的厚度可以比 SiO_2 的薄（85%），光刻胶的要比 SiO_2 的厚（1.8 倍）[10]。注入时，离子在硅的投影射程和 SiO_2 中的相近，如图 17-16 所示。掩蔽膜要满足最小厚度的要求：注入离子通过掩蔽膜进入衬底中的浓度比衬底浓度低二个数量级以上，在数学上，一个数量级是 10，二个数量级是 10^2，三个数量级是 10^3……以此类推。不同掩蔽材料所需的最小厚度不同，要根据注入条件来选择。在实际工艺中，可利用式（17-24）来估计掩蔽膜的最小厚度，注意公式中的所有参数是指在相应掩蔽材料中的值[2]。

$$d_{\min} = \overline{R_{\mathrm{p}}} + 4\overline{\Delta R_{\mathrm{p}}} \qquad （17\text{-}24）$$

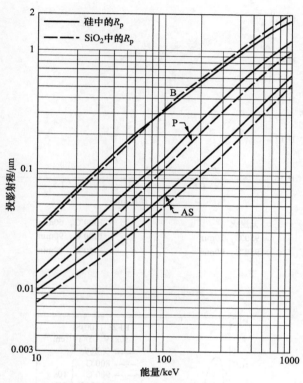

图 17-16 杂质在硅和 SiO₂ 中的投影射程[3]

17.15 退火工艺

注入之后，硅晶格的完整性会被高能粒子的撞击所破坏，产生各种缺陷，进入到硅中的杂质原子也没到替代的位置使电激活。退火工艺是在离子注入后，对样品进行高温处理，恢复硅晶格的结构，使杂质原子到达替代位置产生电激活。

常用的退火工艺有管式常规退火和快速热退火。管式退火设备和热氧化炉一样，可以通入氮气进行保护，或通入氧气，使退火和氧化同时进行。这种工艺退火时间较长，杂质向硅内部推进得多，退火后的杂质浓度再分布明显，适合深结的制造。快速热退火，热处理时间短，退火后的杂质浓度分布变化比较小。对于Ⅲ-Ⅴ族半导体来说，注入后的退火不适合采用炉式常规退火工艺，因为长时间的高温热处理会对这种半导体结构产生较大的破坏，所以要采用快速热退火的方式进行（见 16.6.2 节）。退火时，用抛光的硅晶圆盖住样品的正反面，以避免可能产生的材料分解。快速热退火最常用的保护气体是氮气，也可用氦气、氩气和合成气体。

图 17-17 是硼注入后，采用不同常规退火条件的杂质浓度分布图。图 17-18 是快速热退火

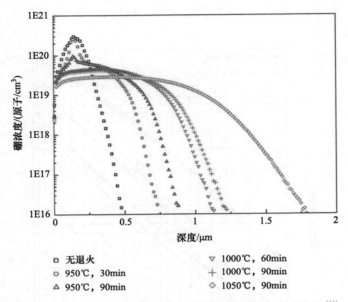

图 17-17　不同的常规退火温度和时间，硼杂质浓度分布图 [11]

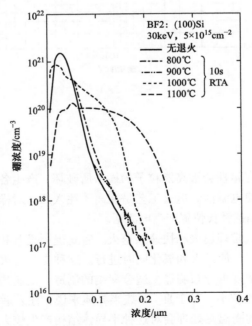

图 17-18　不同的 RTA 退火温度，时间为 10s，硼杂质浓度分布图 [12]

（RTA）之后的硼杂质浓度分布图。退火之后，可采用四探针的方法通过测量方块电阻来确定杂质的激活率。这两篇文章的结果显示出，经过短时间（10s）的 RTA 就能满足器件制造的要求。但常规管式退火就需要较长的时间（半小时甚至更长）。RTA 后的结很浅，适合制造小特征尺寸的器件。

17.16　埋层注入

图 17-13 显示，和扩散工艺不同，注入工艺杂质的峰值不在硅的表面，而且可以分别控制注入剂量和能量。如此一来，通过控制能量和厚度，经过掩蔽膜（SiO_2、Si_3N_4 和光刻胶）注入把峰值调到硅的表面或其他区域，并控制剂量，可对器件的参数进行精确调整。最常见的例子有：

1）在现代 CMOS 器件和电路中，D、S 和 G 这些区域的掺杂是通过氧化垫（见 13.2 节）的注入来进行的。

2）实现浅层注入。

不通过掩蔽膜的高能深层注入，可实现硅表面下的埋层注入。该技术的最广泛应用领域是 SOI（Silicon-on-Insulator）制备，SOI 的意思是硅在绝缘层上，这和在硅表面生长沉积介质膜所产生的结构正好相反。SOI 已在硅的器件和电路制造中得到了广泛的应用。

17.16.1　通过掩蔽层的注入

图 17-19 是通过 SiO_2 掩蔽层进行磷注入的杂质浓度分布图，图中 P_2^+ 是磷二聚体离子，可简单理解为两个磷离子聚合在一起。二聚体注入物需要低剂量大功率，这个技术又被称为分子离子注入，在 17.13 节提到的 BF_2^+ 和 PF_2^+ 注入也是分子离子注入。从图中可以看出：

1）通过掩蔽膜注入，可以将注入的峰值调整到硅和其他半导体衬底的表面。不同的膜厚度，可采用不同的注入能量来达到这个目的。

2）我们可以采用低能实现浅层注入，如果需要更浅层，可以辅助于掩蔽膜注入。

3）如果此处的 SiO_2 是 MOS 器件的栅介质，那么通过该技术，可对栅沟道的掺杂进行调整，这就是阈值电压精确控制技术。

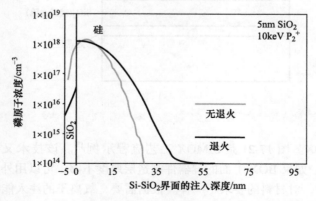

图 17-19　通过 SiO_2 进行磷注入的杂质浓度分布图 [13]

17.16.2 SOI 制备

SOI 主要有三种结构[3]：第一种结构是 SOS（Silicon-on-Sapphire），意思是硅在蓝宝石上，蓝宝石就是 Al_2O_3；第二种结构是 SIMOX（Separation by IMplanted Oxygen），意思是注入氧分离；第三种结构是晶圆键合（Wafer Bonding，WB）。

第一种是 SOS。SOS 技术是用于 MOS 器件的制造。该结构是在蓝宝石表面外延生长（100）硅单晶，由于两种材料的晶格常数不同，所以这种生长是异质外延生长。外延技术是在一种晶体表面生长一层薄的晶体层。生长相同的材料，例如在硅衬底表面生长一层硅晶膜，这是同质外延，生长不同的材料就是异质外延。本书不讨论外延生长技术。由于晶格常数不同，异质外延生长的硅材料的缺陷密度很高，不能用作器件制造。为了改善缺陷，在外延硅层中注入高浓度的硅，使硅和蓝宝石界面的硅变成非晶态，再经过高温处理，使界面处的非晶硅变成单晶硅，这种重晶体化过程可以极大减少缺陷密度，使得这层硅晶膜的质量达到器件制造要求。图 17-20 是 SOS 工艺流程示意图。

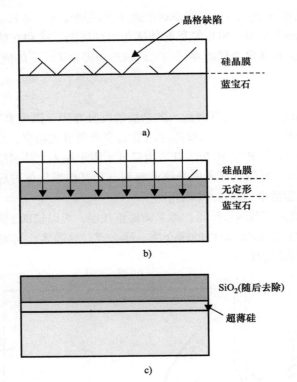

图 17-20 SOS 工艺流程示意图[14]：a）硅晶膜形成；b）硅离子注入；c）热处理和表面氧化

第二种是 SIMOX。图 17-21 是 SIMOX 工艺流程示例[3]。该技术又叫埋层氧化（Buried Oxide，BOX）工艺，如果 BOX 上面的硅器件制造层厚度不够，可以用外延技术生长更厚的硅单晶层。不同的器件，对材料的要求不一样。根据需要，氧离子的注入能量和剂量会在一定的范围内变化。如果想在硅表面长上一层氧化层，可将晶圆放在氧气的环境下退火。

第三种是晶圆键合。图 17-22 是晶圆键合工艺流程示意图。图中主要包含以下 6 个步骤：

1）准备好两个用作键合的硅晶圆（初始硅）A 和 B。

2）对 A 和 B 进行氧化 0.5μm 左右。

3）对 A 进行质子 H⁺ 注入，注入深度为 SiO₂ 层下 0.2μm 左右。当氢原子离子化并失去一个电子时，它就变成只带一个正电荷的原子核，由于原子核中的质子带正电，所以氢离子 H⁺ 常被称为质子。

4）对 A 和 B 进行清洗，并且氧化层对氧化层压在一起，在低于 400℃下进行热处理，使两个晶圆紧密地黏附在一起，这就是晶圆键合。

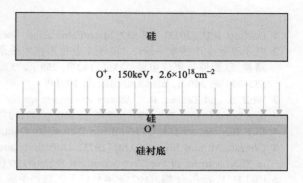

图 17-21　SIMOX（BOX）工艺流程示意图

5）随后，两个键合在一起的晶圆在 ≤ 600℃下进行退火，晶圆 A 质子注入的峰值处会产生气泡，使得晶圆 A 从注入处分离。这个切割晶圆的技术被称为智能剥离，切割掉的晶圆还能再次使用。

6）这个经过智能剥离的两个键合在一起的晶圆，在 1100℃[3] 下进行热处理，以去除缺陷。退火完成之后，对裂开的硅表面进行抛光。

至此，一个采用晶圆键合方法的 SOI 晶圆制造完毕。

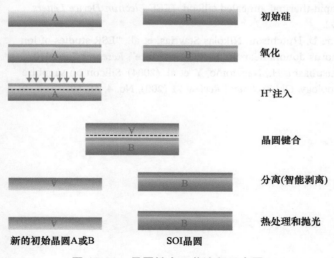

图 17-22　晶圆键合工艺流程示意图

参 考 文 献

1 Darling, R.B. (2013). EE-527, MicroFabrication, Solid-State Diffusion, Winter.

2 电子工业生产技术手册 7, "电子工业生产技术手册" 委员会, 半导体与集成电路卷, 硅器件与集成电路 223页, 182页, 259至273页, 244至245页, 305页, 330页, 333–334页, 340页, 国防工业出版社, 1991年。

3 Wolf, S. and Tauber, R.N. *Silicon Processing for the VLSI Era*, Process Technology, 2e, vol. 1, p. 328, 330, p. 297, p. 360, p. 371–372, p. 380–383, p. 256–261.

4 ECE Illinois, ece444, GT10-Silicon Diffusivity Data.

5 Ghezzo, M. and Brown, D.M. (1973). Diffusivity summary of B, P, As, and Sb in SiO_2. *Journal of the Electrochemical Society* 120 (1): 146–148.

6 [美] H. F. 沃尔夫 编. (1975). 半导体工艺数据手册, 天津半导体器件厂 译, 国防工业出版社, 523页, 359页。

7 Phelps, G.J. (2004). Dopant ion implantation simulations in 4H-silicon carbide. *Modelling and Simulation in Materials Science and Engineering* 12: 1139–1146.

8 电子工业生产技术手册 8, "电子工业生产技术手册" 委员会, 半导体与集成电路卷, 化合物半导体器件, 257–258页, 国防工业出版社, 1992年。

9 Bo Cui, E.C.E. Ion implantation, Chapter 8. In: . University of Waterloo, SlidePlayer. https://dokumen.tips/documents/chapter-8-ion-implantation-ii.html

10 Agah, M. Ion implantation, Chapter 8. In: . Virginia Tech, SlideServe. https://pdfslide.net/documents/chapter-8-ion-implantation-instructor-prof-masoud-agah.html?page=16

11 Boo, H., Lee, J.H., Kang, M.G. et al. (2012). Effect of high-temperature annealing on ion-implanted silicon solar cells. *International Journal of Photoenergy* 2012: 921908, 6 pages.

12 Mikoshiba, H. and Abiko, H. (1986). Junction depth versus sheet resistivity in BF_2^+-implanted rapid-thermal-annealed silicon. *IEEE Electron Device Letters* EDL-7 (3): 190–192.

13 Spizzirri PG, Wayne D. Hutchison, Nikolas Stavrias, et al., "ESR studies of ion implanted phosphorus donors near the Si-SiO$_2$ interface", *ResearchGate*2010.

14 Nakamura, T., Matsuhashi, H., Nagatomo, Y. et al. (2004). Silicon on sapphire (SOS) device technology. *Oki Technical Review* 71 (200), No. 4: 66–69.

第 18 章

工艺控制监测、芯片封装及其他问题

在前面的章节中，我们讨论了半导体工艺线中所采用的主要技术，除了这些之外，还有其他技术应用于芯片的制造中，例如外延、分子束外延（Molecular-Beam Epitaxy，MBE）、金属有机化学气相沉积（Metal Organic Chemical Vapor Deposition，MOCVD）以及化学机械抛光（Chemical-Mechanical Polishing，CMP）等。这些技术更多地涉及材料、化学和真空等问题，一些设备和工艺复杂，在大学洁净室中，大部分人不必操作这些设备，使用这些技术，所以本书中就不讨论这些工艺。

为了制造高质量的芯片，我们需要仔细控制每一步工艺。工艺控制监测（Process Control Monitor，PCM）是非常重要的环节，因为通过 PCM 可得到每一步工艺后的详情。PCM 就是利用各种图形对工艺进行监测，这些图形可以和器件图形一起设计，放在同一块光刻掩膜版上，通过测 PCM 图形以达到了解工艺质量的目的。在这一章里，我们用四个例子来说明 PCM 图形的设计。之后，对芯片封装和一些其他问题进行简单的论述。

18.1 介质膜质量检测

用于半导体芯片的介质主要是 SiO_2 和 Si_3N_4 膜，可以有许多参数来表示膜的质量，最常用的有应力、折射率和击穿电压，其中击穿电压 V_B 是最重要的参数。图 18-1 是测量介质击穿电压最好的图形结构，即金属 - 绝缘层 - 金属三明治结构。为了避免光刻偏差使上下两片金属相互接触，介质的面积要比金属的面积稍大。整个结构的制造可以和器件的制造同时进行，介质层的面积要尽量和器件的最大绝缘面积相近。结构一旦完成，使用探针台对膜的击穿电压 V_B 进行测量。图 18-2 是探针台照片。图 18-3 是介质膜测量 V_B 得到的 I-V 曲线，在击穿发生之前，没有电流，击穿一旦发生，电流会突然上升，此处的电压就是击穿电压。膜的针孔（见第 13 章）密度越低，击穿电压越高，膜的质量就越好；反之亦然。

根据第 13 章的讨论，膜的生长温度越高，膜中的针孔密度越低，所以高温工艺能提供较大击穿电压的介质膜。如果膜是由低温工艺完成的，我们可以通过较高温退火来提高膜的击穿电压，例如 PECVD 沉积的膜可在 400 ~ 600℃下退火以提高击穿电压。由于膜的应力，退火温度不能太高，否则会使膜产生破裂。所以，我们要通过实验来找出满足不同器件制造要求的最佳退火条件。

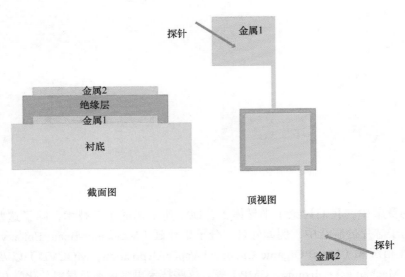

图 18-1 用于测量介质击穿电压的图形结构

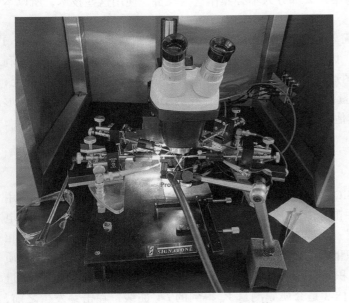

图 18-2 探针台（Signatone）照片

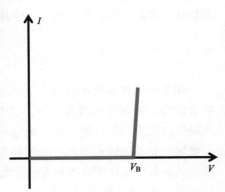

图 18-3 击穿电压的 *I-V* 曲线

18.2 欧姆接触检测 [1]

当欧姆接触工艺完成后，需要对接触的电阻进行测量，以观察电阻是否符合要求。有许多方法用来测量接触电阻。传输线法（Transmission Line Method，TLM）是广泛采用的一种方法，它通过测量图形的电阻得到欧姆接触电阻率，该电阻率又被称为比接触电阻率，单位是欧姆·平方厘米（$\Omega \cdot cm^2$）。用于测试电阻率的图形如图 18-4 所示。图中 l_1 和 l_2 是两个相近的重掺杂和金属接触孔之间的距离；R_1 和 R_2 是相对应的电阻；w 是重掺杂区的宽度。测量时，探针就扎在三个方形的金属膜上。

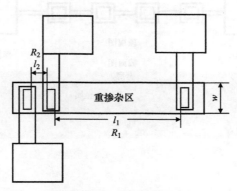

图 18-4　欧姆接触测试图形

接触电阻率的公式如下所示：

$$\rho_c = R_c \cdot A_c \tag{18-1}$$

式中，ρ_c 是接触电阻率；R_c 是接触电阻；A_c 是接触面积。R_c 的表达式如下：

$$R_c = \frac{R_2 l_1 - R_1 l_2}{2(l_1 - l_2)} \tag{18-2}$$

一般情况下，金属和硅接触的电阻率 $\rho_c \approx 10^{-5} \sim 10^{-7}\Omega \cdot cm^2$，金属和金属接触的电阻率 $\rho_c < 10^{-8}\Omega \cdot cm^2$[2]。

18.3　金属之间的接触

在半导体的互连技术中，金属和金属的接触是基本的工艺，控制好金属和金属接触的质量，在工艺流程中是十分重要的。两层金属之间的接触，一般是通过介于金属之间的介质通孔实现的。如果通孔做得不好，例如干法或湿法刻蚀后，有介质的残留物留在通孔处的金属表面，那么下一层的金属就不能直接和这层金属有良好的接触，接触电阻会变大，所以我们需要对金属和金属之间的接触情况进行检测，以判断工艺是否达到要求。图 18-5 是用于测量金属之间接触的图形。图中 SiO_2 被称为金属间介质（Inter-Metal Dielectric，IMD）；通孔的大小应和互连中最小的通孔尺寸一样。

从图形的尺寸、金属的厚度和电阻率，并根据显示在图 1-3 中的公式，我们就可以算出测试图形的电阻，对图 18-5 所示的图形进行探针测量，测量结果如图 18-6 所示。如果得到的结果是曲线 a，该值和理论计算的值很接近，就说明金属之间的接触良好；如果得到的结果是曲经 b，电阻增加，有可能是金属有孔洞或缝隙；如果得到的结果是曲线 c，则说明金属之间有介质膜残留，如图 18-7 所示，残留物留在两层金属的接触面上，从直线到上升拐点处的电压 V_r 为介质残留膜的击穿电压，膜越厚，V_r 越大。

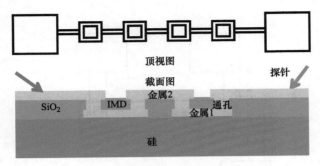

图 18-5   用于测量金属之间接触的图形

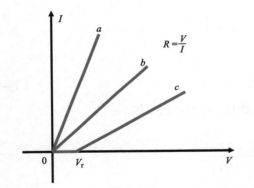

图 18-6   根据图 18-5 所示的图形得到的测量结果

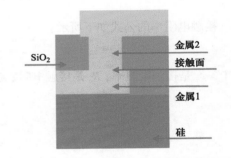

图 18-7   两层金属接触的示意图，金属 2 用作通孔金属是大学洁净室中常见的情况

让我们花多一些的篇幅来讨论图 18-6 中的曲线 b。

情形 1：这个问题经常发生在通孔尺寸等于或大于 0.5μm，并且纵横比小于 0.5 时。SiO_2 通孔在 RIE 中用含氟的气体进行干法刻蚀，但氟不能刻蚀大部分的金属，例如铝。RIE 有直流偏压，在干法刻蚀时能产生物理轰击。如果刻蚀时间设置不精确，对 SiO_2 膜产生了过刻蚀，那么金属就会暴露在氟等离子体中，金属表面就会受到物理轰击，一些被溅射出来的金属细小颗粒就会沉积在通孔侧壁和上口边缘。通孔粗糙的侧壁和上边缘，使得金属 1 和金属 2 之间的接触变差，两层金属之间的接触电阻变大。这个问题的解决方案之一是，在干法刻蚀时要欠刻蚀，留下 10 ~ 50nm 的膜在通孔底部，之后用 BOE 去掉这层薄膜。由于 BOE 能刻蚀铝，所以当金属是铝时，要小心控制。

情形 2：随着器件的尺寸越来越小，介质通孔的尺寸也越来越小，通过电子束蒸发和磁控溅射这些物理气相沉积（PVD）做的金属就会越来越难以将通孔填满。在 16.4 节中曾指出，溅射金属的台阶覆盖性要好于热或电子束的。然而即便是溅射金属，也会出现孔洞现象（见 13.3 节）。孔洞的一个问题就是使金属之间的接触电阻增加。为了解决孔洞问题，可在靶和衬底之间加准直器来提高样品的台阶覆盖性[3]。但是准直器也不能完全解决问题，所以需要采用其他的技术，这些技术包括多层互连的平面化、倾斜侧壁通孔，以及提高衬底温度以增加原子在表面的迁移性。尽管如此，当特征尺寸变得更小时，溅射铝仍不能满足通孔的要求。人们为此开发了一些技术来完成垂直小孔的填充。在 CMOS 进入到 0.35μm 时，钨塞是最广泛采用的技术[3]。

为什么选用钨？是因为钨和氟的化合物 WF_6，它的沸点是 17.1℃，在工艺压力下是气体，这就是为什么我们可以用氟基气体刻蚀钨。反过来，我们又可以利用 WF_6 的气体特性来实现化学气相沉积（CVD）钨，CVD-W 可以提供很好的小孔填充能力。该工艺是通过 WF_6 和 H_2 或 SiH_4 在工艺室中通过化学还原反应来实现的，反应温度为 300 ～ 450℃。

氢的还原反应如下所示：

$$WF_6(\text{气体}) + 3H_2(\text{气体}) \longrightarrow W(\text{固体}) + 6HF(\text{气体}) \tag{18-3}$$

硅烷的还原反应如下所示：

$$2WF_6(\text{气体}) + 3SiH_4(\text{气体}) \longrightarrow 2W(\text{固体}) + 3SiF_4(\text{气体}) + 6H_2(\text{气体}) \tag{18-4}$$

由于钨和 SiO_2 的黏附性不好，首先要通过溅射或 CVD 方法生长一层薄的 TiN（氮化钛）黏附层。在溅射钛时，往溅射台工艺室里通入氮气，就能生成溅射的 TiN 膜。$TiCl_4$ 的沸点是 136.4℃，在 CVD 工艺室里通入 $TiCl_4$ 和 NH_3 就能得到 CVD-TiN。在这两个技术中，硅可能和氮反应生成 Si_3N_4，所以首先要先做一层薄的钛膜作为接触形成层[4]。钛膜也是通过溅射或 CVD 方法完成的。在溅射工艺中，在通入氮气之前，形成的就是钛膜。在 CVD 工艺中，在通入 NH_3 前，可以先完成一层钛膜的沉积。所以钨塞的结构是 Ti-TiN-W。通常，CVD-W 采用覆盖工艺，也就是钨、TiN 和钛覆盖在整个衬底表面。当沉积完成后，采用化学机械抛光（见 10.4 节）的方法，去除晶圆表面多余的钨、TiN 和钛，只留下孔洞里的。现在，一些公司（例如 Kurt J. Lesker）提供 TiN 靶以方便完成 TiN 的溅射。

溅射的 TiN 电阻率是 270μΩ·cm[5]，另外，钨的电阻率是 4.89μΩ·cm，几乎是铝（2.5μΩ·cm）的 2 倍，而钛的电阻率是 42μΩ·cm[6]。所以，在满足器件制造工艺要求的情况下，钛和 TiN 膜越薄越好。互连的主要金属仍采用铝（见图 11-4）。

18.4　导电沟道控制

在 MESFET 的制造中，栅导电沟道的厚度（深度）是一个需要精心控制的参数（见图 6-10）。栅沟道结构可通过 MBE、MOCVD 或离子注入来完成，但对于不同的器件要求，需要对已形成的沟道厚度进行调整，一般是进行减薄，该工艺被称为挖槽工艺。为了精确地控制需要减掉的厚度，我们需要设计图形进行工艺监测。图 18-8 是 MESFET 器件挖槽工艺监测图形，在完成源极（S）和漏极（D）后，进行栅区光刻，把光刻好的图形进行干法或湿法刻蚀。刻蚀完成后，用探针在源极和漏极之间测量通过栅沟道的饱和电流 I_{DSS}（见图 6-7 和图 6-11），如果 I_{DSS} 达到器件要求，就停止刻蚀，否则，继续刻蚀，直到达到设计的要求。之后，制造栅金属，这样就完成了凹槽栅 MESFET 的制造。

我们用了四个例子来讨论如何用 PCM 图形来控制和监测工艺，不同的工艺要采用不同的 PCM 图形。为了制造高质量的芯片，每一步工艺都需要进行精心的控制和检测。

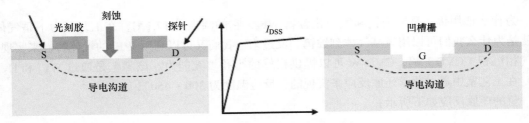

图 18-8　MESFET 器件挖槽工艺监测图形

18.5　芯片测试

当晶圆上的芯片制造完成之后，我们需要对它们进行测试。对于半导体器件和集成电路，探针台是最重要的测试设备（见图 18-2）。二极管和晶体管、四探针就能满足要求。对于集成电路的测试，就需要探针卡。图 18-9 是探针卡的照片，如果发现坏的芯片，机器就在这个坏芯片上滴上一滴染料以和好的芯片分别开。

图 18-9　探针卡（图 a）以及安装到探针台并对集成电路进行测试的探针卡（图 b）

18.6　划片

芯片测试完毕，就要对晶圆进行切割，这个工艺被称为划片，把晶圆上的每一个芯片分离开。用于切割晶圆的设备叫做晶圆切割机（见图 18-10）。切割机的核心部分就是刀具，通过刀具将晶圆上的每个芯片分离，如图 18-11 所示。芯片分离后，将带有染料的芯片扔掉。

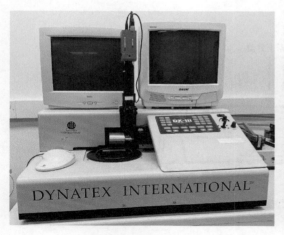

图 18-10　晶圆切割机

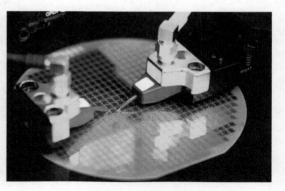

图 18-11　晶圆被切割成芯片

18.7　封装

　　芯片分离后，就要对其进行封装（见图 7-1 和图 7-3）。不同的芯片需要不同的封装管壳，如图 18-12 所示。在大部分情况下，芯片是通过键合和管壳封装在一起。键合工艺就是用很细的金属丝，一般为铝丝或金丝，将芯片和管壳的管脚连接在一起，如图 18-13 所示。图 18-14 是集成电路的键合照片和简单的键合设备。除了本节描述的键合技术外，还有许多其他的键合技术，在此就不多描述了。至此，一个完整的器件或集成电路产品才算完成，经过可靠性测试和其他的一些特殊要求的试验，产品就可以出售给客户了。

图 18-12　不同种类的半导体芯片封装管壳

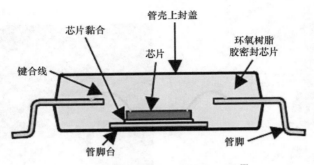

图 18-13 半导体芯片键合工艺[7]

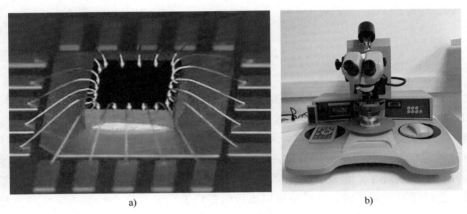

a)   b)

图 18-14 键合（图 a）和简单的键合设备（图 b）

18.8 设备使用时的操作范围

在半导体芯片制造过程中，需要用到许多的设备。在这些设备中，有许多的电子组件，例如电源和质量流量计等。在操作设备时，我们不能满量程地使用这些组件，应将范围控制在 10% ~ 90% 之间。例如，图 14-17 中最大量程为 100sccm 的氮气质量流量计，其工作范围应控制在 10 ~ 90sccm。理解这个问题，我们对开关电路进行一个简单的介绍。开关在电路中的位置如图 4-1 所示，我们常用的开关是通过断开或接通两个金属片来实现电路的断和通的，如图 18-15 所示。当开关断开时，电路没有电流流过（电流为零），开关两边的电压高（等于电源电压）；当开关接通时，电路就有电流流过（大电流），开关两边的电压低（等于零）。但在半导体芯片组成的控制电路中，这样的机械开关是不能满足要求的，我们是利用晶体管来实现类似的开关功能的。参考图 6-3，在该图的晶体管应用时，饱和状态相当于开关接通，因为它是大电流、小电压；截止状态相当于开关断开，因为它是小电流、大电压。但晶体管从饱和状态转换为截止状态时，需要一定的时间来完成；反之亦然。当这样的开关随着周期信号的控制，有规律地在饱和和截止状态之间转换时，电路就会发出一系列的脉冲信号（接通和断开）。转换时需要的时间就是上升沿时间和下降沿时间，如图 18-16 所示。为了获得良好的线性控制，并且避免最小和最大信号时的噪声起伏，这是控制电路实际运行时常遇到的情况，上升沿和下降沿时间选为 10% ~ 90% 和 90% ~ 10%。10% ~ 90% 是电路设计时所遵守的一般准则，所有的电源、质量流量计和其他电子元器件，它们的操作范围应设置在 10% ~ 90% 之间。

图 18-15　常用的电器开关

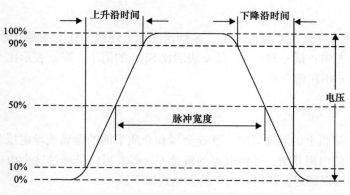

图 18-16　脉冲电路的上升沿时间和下降沿时间 [8]

18.9　低κ和高κ介质

在集成电路的制造中，MOSFET 的栅介质和层间介质（ILD，见第 11 章）最常用的材料是 SiO_2。为了讨论 κ 值，有必要介绍介质材料的相对介电常数。介质的 κ 值就是它的相对介电常数 ε_r。在式（4-3）中曾引入了绝对介电常数 ε_0，是指真空的介电常数，它的数值是：

$$\varepsilon_0 = 8.854 \times 10^{-12} \text{F/m} \qquad (18-5)$$

这个数是和电容相关联的，所以 ε_0 又被称为真空电容率。相对介电常数是指一种介质的介电常数和真空介电常数之比，测量方法是先测两个极板在空气（空气电容率和真空电容率基本一样）

中的电容 C_A，在极板之间加上某种介质后，再测电容 C_D，那么相对介电常数就是：

$$\kappa = \varepsilon_r = C_D/C_A \tag{18-6}$$

在大部分的情况下，我们用 ε_r 来表示介质的相对介电常数。最重要的介质 SiO_2 的 κ 值是 $3.9^{[9]}$。我们在前面的章节里讨论过电容，为了进一步讨论 κ 值问题，还需要对电容做更多的介绍。图 18-17 是平板电容的结构示意图。

电容 C 由下式给出：

$$C = \frac{\varepsilon_0 \varepsilon_r A}{d} = \frac{\varepsilon_0 \kappa A}{d} \tag{18-7}$$

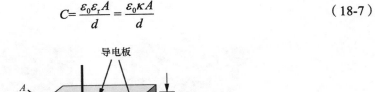

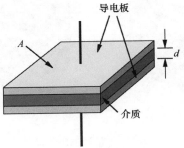

图 18-17　平板电容结构示意图

随着集成电路的特征尺寸越来越小，运行速度越来越快，在介质的选取上，以 SiO_2 为标准，就出现了两个方向：低 κ 和高 κ。低 κ 表示比 SiO_2 的值小，高 κ 表示比 SiO_2 的值大。低 κ 是用在 ILD，而高 κ 用在栅介质。

18.9.1　铜互连和低 κ 介质

当金属用作介质膜上的互连线时，互连金属和介质下面的金属或导电层就形成了一个平板电容。假设金属线的电阻是 R，平板电容的值是 C，那么当信号通过这个由电阻和电容组成的结构时，信号就会出现延迟，延迟时间 T 的表达式如下：

$$T = RC \tag{18-8}$$

随着集成电路的运行速度越来越快，这个延迟就会成为阻碍运行速度的一个关键因素。从式（18-8）中可以看到，要想减少 T，就要减小电阻 R 和电容 C。从集成电路诞生之日起，由于价格便宜，工艺加工容易，和硅及二氧化硅（SiO_2）的兼容性好，金属铝在互连工艺中起着主导作用。但从我们日常生活中的电线来看，它是用铝或铜来制造，而铜的电阻率（$1.55\mu\Omega \cdot cm$）小于铝的（$2.5\mu\Omega \cdot cm$），价格也不贵，所以人们自然就想到，如果用铜来取代铝，就能减少互连线的延迟时间，也能减少功耗，功耗也是制约现代集成电路发展的一个重要因素。另外重要的一点是，铜膜的电迁移特性（见 16.6 节）要远好于铝膜的。对铜来说，防止出现电迁移的电流密度上限是 $5 \times 10^6 A/cm^2$；对铝来说，防止出现电迁移的电流密度上限是 $2 \times 10^6 A/cm^{2[3]}$。但不幸的是，铜在半导体中的加工难度要大得多，主要的挑战有以下几个方面：

1）由于铜和主要的刻蚀气体氧、氟和氯不能生成挥发物，所以不能采用干法刻蚀工艺。

2）由于铜容易在硅中形成深能级（见图 5.6），所以铜不能和硅接触。

3）铜容易在 SiO_2 中扩散。

4）不像铝，铜不会在表面形成致密稳定的表面自钝化氧化层。

所以直到 1997 年，IBM 才实现了铜互连工艺[10]，这在当时是一个轰动半导体界的大事件。铜互连主要是通过电化学沉积（电镀和化学镀）的方法来完成的[11]。为了克服挑战 3）和 4），和钨塞的黏附层类似，在镀铜之前，我们需要先做一层阻挡层，这层阻挡层可以是钽（Ta）和氮化钽（TaN）或者 Ti 和 TiN。这个工艺有一个特殊的名字——大马士革工艺（Damascene Process）。该工艺有两种选择：单大马士革和双大马士革。由于步骤少以及成本低，双大马士革工艺在铜互连工艺中得到了广泛的应用。图 18-18 是双大马士革工艺流程示意图。如 15.4 节所述，我们可以在 RIE 中设计一个工艺菜单，只刻蚀 SiO_2 不刻蚀 Si_3N_4（或刻蚀速率很慢），所以 Si_3N_4 可用作刻蚀阻挡层，Si_3N_4 还用来封闭钝化铜表面。图 18-19 是 IBM 制造的六层铜互连照片。在图中，我们能看到在器件（图的底层）层和第一层铜互连之间的钨塞，其他互连层就不用钨塞。第一层互连的通孔小，需要钨填充通孔。铝互连层的情形相似。

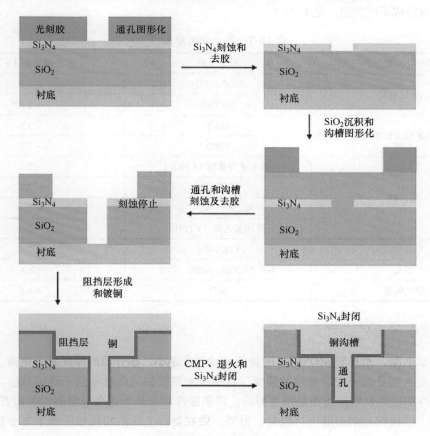

图 18-18　双大马士革工艺流程示意图[12]

铜实现了互连线的低电阻，但这还不够，延迟时间需要继续减少。从式（18-8）中可以看到，除了电阻外，电容也应该减少。在一定的工艺节点，互连线的面积和 ILD 的厚度有一定的要求，这就相当于式（18-7）中的 A 和 d 的值是固定的，ε_0 也是固定的，能改变的只有 κ。这显示出，使用低 κ 介质，电容变小，延迟时间进一步减少。

铜互连是 IBM 在 1997 年开发的，当时使用 SiO_2 作为层间介质（ILD）。大马士革工艺引入了和传统 Al∶Cu 明显不同的结构和工艺元素。在开发使用低 κ 技术时遇到了一些困难，直到 2000 年，IBM 宣布在铜互连线上使

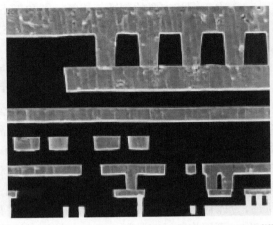

图 18-19   IBM 制造的六层铜互连结构侧面照片 [13]

用 SiLK，即一种由陶氏化学公司开发的 κ 值约为 2.7 的低 κ 介质 [9]。如今，有多种低 κ 材料可供选择，它们可分成不同的组，见表 18-1。

表 18-1   低 κ 介质分类 [14]

分　　类	材　　料	介电常数（κ）
二氧化硅基	SiOF (FSG)	～3.5
	SiCOH	～2.8
倍半硅氧烷（SSQ）基	HSQ	～3.0
	MSQ	～2.5
聚合物	聚（亚芳基醚）（PAE）	～2.6
	聚酰亚胺	～2.3
	聚乙烯 - N（-F）	～2.4
	聚四氟乙烯（PTFE）	～2.0
无定形碳	C-C（-F）	～2.0
多孔	多孔 SiCOH、MSQ、PAE	<2.0
空气间隙	空气	～1.0

18.9.2　量子隧道效应和高 κ 介质

随着集成电路，尤其是 MOSFET 的特征尺寸越来越小，栅介质的厚度越来越薄，器件的运行规律就会进入到受量子力学制约的领域，其中一个重要的问题就是量子隧道效应。隧道效应在半导体器件的应用和制造方面是很重要的，许多器件就是基于这个现象的，例如齐纳二极管、江崎（隧道）二极管和谐振隧道二极管。另外，做在器件上的欧姆接触依赖于电子和空穴的隧道特性 [15]。

MOSFET 能带的基本结构如图 6-14 所示。在这个图中，夹在中间的 SiO$_2$ 的能带是很宽的，在栅金属和氧化层之间，以及硅和氧化层之间存在着势垒。对于 Al-SiO$_2$-Si MOS 结构，参考文献 [16] 给出了在 Al-SiO$_2$ 和 Si-SiO$_2$ 的界面势垒高度的测量值。图 18-20 是文章中使用的能带示意图，测得的结果是 E_{BG} 约为 3.65eV，E_{BS} 约为 4.40eV。

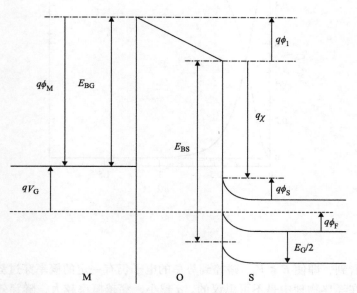

图 18-20　MOS 系统能带示意图。对应于任意的栅势垒 V_G、E_{BG} 和 E_{BS} 分别是 Al-SiO$_2$ 和 Si-SiO$_2$ 界面的势垒高度

观察图 6-14，并参考上面的测量结果，我们可以用一个简单的示意图来描述一个典型的 MOSFET 的势垒结构，如图 18-21 所示：在金属和硅之间存在着一个大的势垒 V_0，当栅极加电压时，电子接收能量 E 并冲击势垒。根据经典物理，如果 $E<V_0$，电子不能通过 Ⅱ 区（硅中的电子和空穴有相同的情形），这是 MOSFET 正常工作需要满足的条件，因为栅介质不能有电流流过。但实际上，由于介质的缺陷，会有很小的电流流过 SiO$_2$ 层，这个电流被称为栅极漏电流。当代半导体技术很成熟，由缺陷引起的漏电流可以忽略。如果 $E>V_0$，电子就会通过 Ⅱ 区（对应于介质的击穿），没有反射。但

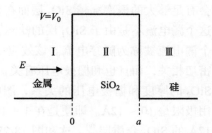

图 18-21　一维势垒的示意图，势垒高度为 V_0，宽度为 a

是，根据量子力学，$E<V_0$ 的电子有一定的概率穿过势垒，$E>V_0$ 的电子有一定的概率从势垒产生反射。现在我们引入两个参数来描述这些现象，它们是穿越概率 $|T|^2$ 和反射概率 $|R|^2$，穿越概率和反射概率满足以下的条件：

$$|T|^2 + |R|^2 = 1 \tag{18-9}$$

我们关心的是 $E < V_0$ 的情形，通过求解薛定谔方程，可以得到图 18-22 的曲线。

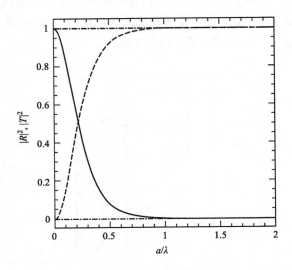

图 18-22　穿越（实线）与反射（虚线）概率和势垒宽度 a 与自由空间德布罗意波长 λ（见 8.2 节）之比的关系曲线，电子的能量是 $E=(3/4)V_0$[17]

从该图可以看到，即使 $E < V_0$，碰撞到势垒的电子仍有一定的概率穿过势垒，该现象被称为隧穿效应，这在经典物理中是不可思议的。a 越小，穿越概率越大，隧穿效应越强烈。我们已经说过，电子是不允许穿越 SiO_2 从而在栅介质中产生电流的。但当栅极的 SiO_2 层薄的超过某种限度时，也就是说，图 18-21 中的 a 小到一定程度时，情况就会发生变化，此时的电子就会有足够大的概率穿越 SiO_2 层而在金属和硅之间产生电流，也就是说在 SiO_2 中会出现漏电流。这个漏电流不是由于 SiO_2 层的缺陷引起的，而是由一种量子现象——隧穿效应引起的，所以这个漏电流被称为隧穿电流。该效应一旦发生，器件就不能正常工作。隧穿电流和栅介质的厚度密切相关，而且也和栅极电压有关，实际 MOS 器件的情形要复杂得多。图 18-23 是隧穿电流和 SiO_2 的厚度和栅极电压的关系，图中 J_g 是电流密度。基于允许的最大隧穿电流，氧化层的实用极限是 10～12Å。即便是在 1～10A/cm^2 这样较高的漏电流密度下，MOS 器件仍能使用 10～12Å 的 SiO_2 介质层[9]，这和图 18-23 的结果相吻合。在这样薄的 SiO_2 层，由于量子隧穿效应，漏电流会急剧增加。在这种情况下，栅极就不能控制沟道（见图 6-13），"可控性"（见 2.1 节）也就失效了。当技术节点到达 90nm 和 65nm 时，栅氧化层的厚度接近 1nm，从那时起，SiO_2 作为栅介质层就不能满足要求了。为了避免隧穿电流，我们就需要提高栅介质层的厚度。根据式（18-7），如果厚度 d 提高，那么 κ 也需要提高，以保持电容不变，这就意味着我们需要高 κ 介质。在 2008 年，45nm 技术节点中第一次采用了高 κ 介质。

高 κ 介质有许多种类，图 18-24 是非有机介质；表 18-2 是有机和混合（有机和无机）介质。对于 7nm CMOS，二氧化铪（HfO_2）被引入用来取代 SiO_2[20]。

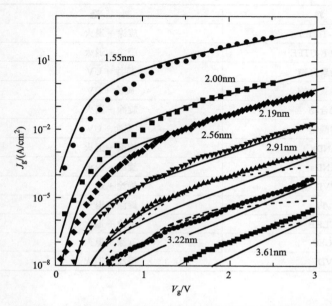

图 18-23　栅氧化层 1.55～3.61nm 范围的隧穿电流密度

实线：直接隧穿电流密度；点线：陷阱辅助弹性隧穿电流密度；虚线：总隧穿电流密度[18]

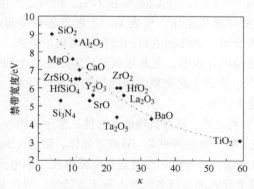

图 18-24　一些金属氧化物的介电常数和禁带宽度的关系[19]

表 18-2　典型的聚合物和混合介质的 κ 值和制造方法总结[19]

材　　料	制　　造	κ
PVA	旋涂 + UV	6.2
氰乙基 PVA	旋涂 + 退火	12.6
CEP	旋涂 + 退火	13.4
	旋涂 + 退火	6.3

（续）

材　料	制　　造	κ
P（VDF-TrFE）	旋涂 + 退火	10.4
P（VDF-TrFE-CTFE）	旋涂 + 退火	52
丙烯酸酯聚合物	旋涂 + UV	5.1
硫醇 - 烯聚合物	旋涂 + UV	5.1
含氰聚合物	旋涂 + 退火	7.2
四丙烯酸锆	旋涂 + UV	5.5
Zr-SANDs	旋涂 + 退火	6.0
Hf-SANDs	旋涂 + 退火	9.2
AT/PVP	旋涂 + 退火	6.6
Ta_2O_5/PI	旋涂 + 退火	5.5
HfO_2/CLHB	旋涂 + 退火	6.0
ZrO_2/CEP	旋涂 + 退火	16.6
GO/PVDF	浸涂 + 退火	15.6

18.10　结语

　　以上的讨论中，我们可以看到，半导体技术已将工业推向了物理极限，从牛顿经典力学的可控性，进入到量子力学的不可控性。在 CMOS 技术中，新的结构和介质被开发以取代传统的 MOSFET 和 SiO_2，以继续遵守摩尔定律，见表 18-3。随着器件变得越来越小，相应的芯片尺寸也越来越小，如图 18-25 所示。器件和电路的结构变得更加复杂，使得制造工艺也变得更加困难。所有的这些因素，使得设计成本，尤其是制造成本迅速地增加，如图 18-26 所示。所以，仅靠一个国家的力量，是不可能建立起完整的现代化的半导体产业，必须要世界上最强的工业国家合作起来，才能完成这个任务。

　　除了硅、锗和Ⅲ - Ⅴ族材料之外，还有其他的半导体。常用的两种是Ⅱ - Ⅵ族和Ⅳ - Ⅳ族材料。硒化镉（CdSe）和硫化镉（CdS）就是两种Ⅱ - Ⅵ族半导体，锗硅（SiGe）和碳化硅（SiC）就是两种Ⅳ - Ⅳ族半导体。通常来说，半导体芯片是运行在低电压、小电流的状态。但随着技术的进步、功率器件的完善，使得半导体越来越多地进入重工业领域。现在基于功率半导体器件而出现的高压直流电（High-Voltage Direct Current，HVDC）技术，使得直流电远距离传输成为可能。在20 世纪 90 年代后期，硅绝缘栅双极型晶体管（Insulated-Gate Bipolar Transistor，IGBT）开始用于 HVDC[22]。最近，SiC 也开始进入这个领域[23]。在第 4 章，我们曾讨论过交流电远距离传输，交流和直流高压输电系统有许多不同之处，有两个我们明显可以看到的是：①交流通常是三相系统，需要至少三根线进行电力传输。HVDC 不需要三相，只要两根线即可。②直流不需要或需要很少的变压器。有趣的是，发生在爱迪生和特斯拉之间的关于直流和交流之争（见 4.4 节）今天又重新出现。如果直流电远距离传输取代交流电远距离传输，那么会对我们整个的工业系统和日常生活产生重大的影响，至少，我们常用的电器产品可能不需要小型变压器（见图 1-1）。

表 18-3　过去 21 年中的重要技术节点[20]

技术节点	年份	关键创新
180nm	2000	铜互连，MOS 选项，6 个金属层
130nm	2002	低 κ 介质，8 个金属层
90nm	2003	SOI 衬底
65nm	2004	应变硅
45nm	2008	第二代应变，10 个金属层
32nm	2010	高 κ 金属栅
20nm	2013	替换金属栅，双重图形化，12 个金属层
14nm	2015	FinFET
10nm	2017	FinFET，双重图形化
7nm	2019	FinFET，四重图形化
5nm	2021	多桥 FET

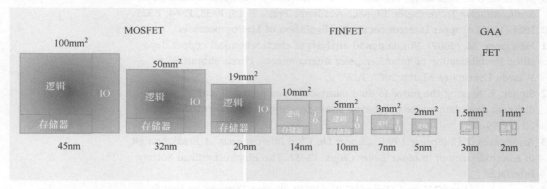

图 18-25　特征尺寸从 45～7nm 惊人地减小[20]

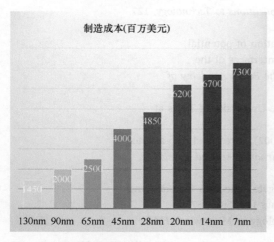

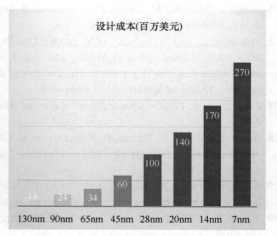

图 18-26　制造成本的惊人增加（左图），一条 10～7nm 的生产线投资超过 70 亿美元，7nm 的设计费用（右图）高达 2.7 亿美元[20]

参 考 文 献

1 电子工业生产技术手册 7, 半导体与集成电路卷, 硅器件与集成电路, 653-660页.

2 Ali Javey, EE 143, Jaeger Chapter 7, Section 8: Metallization, UC Berkeley.

3 Wolf, S. and Tauber, R.N. (2000). *Silicon Processing for the VLSI Era, Volume1-Process Technology*, Seconde, P.477-480, P.771-776, P.780. Lattice Press.

4 Wolf, S. *Microchip Manufacturing*, 297–301. Lattice Press.

5 Lima, L.P.B., Diniz, J.A., Doi, I., and Fo, J.G. (2012). Titanium nitride as electrode for MOS technology and Schottky diode: alternative extraction method of titanium nitride work function. *Microelectronic Engineering* 92: 86–90.

6 物理学常用数表. [日] 饭田修一等, 科学出版社, 1979, 134页。

7 Joiner, B.(2006). Integrated circuit package types and thermal characteristics. *Electronics-Cooling* (1 February).

8 Tektronix (2016). XYZs of oscilloscopes, Primer, P. 48.

9 Murarka, S.P., Eizenberg, M., and Sinha, A.K. (2003). *Interlayer Dielectrics for Semiconductor Technologies*. Elsevier Academic Press, P. 15, P. 38, P. 64, P.329.

10 IBM (1998). Copper Interconnects: The Evolution of Microprocessors.

11 Hasegawa, M. (2007). Fundamental analysis of electrochemical copper deposition for fabrication of submicrometer interconnects. Thesis submitted to Waseda University. March 2007, P. 7.

12 Singer, P. Making the move to dual damascene processing: a look at several different dual damascene processing strategies. *Semiconductor International* 20 (9): 79–82.

13 Andricacos, P.C. (Spring 1999). *Copper On-Chip Interconnects, A Breakthrough in Electrodeposition to Make Better Chips*, 32–37. The Electrochemical Society Interface.

14 Cheng, Y.L., Lee, C.Y. and Haung, C.W. (2018). Plasma Damage on low-k Dielectric Materials. *IntechOpen* (5 November).

15 Singh, J. *Quantum Mechanics Fundamentals & Applications to Technology*, 127. A Wiley-Interscience Publication.

16 Piskorski, K. and Przewlocki, H.M. (2006). Distribution of potential barrier height local values at Al-SiO$_2$ and Si-SiO$_2$ interfaces of the metal-oxide-semiconductor structures. *Bulletin of the Polish Academy of Sciences, Technical Sciences* 54 (4): 461–468.

17 Fitzpatrick, R. (2010). *Square Potential Barrier*. The University of Texas at Austin.

18 Jiménes-Molinos, F., Gámiz, F., Palma, A. et al. (2002). Direct and trap-assisted elastic tunneling through ultrathin gate oxides. *Journal of Applied Physics* 91 (8): 5116–5124.

19 Wang, B., Huang, W., Chi, L. et al. (2018). High-k gate dielectrics for emerging flexible and stretchable electronics. *Chemical Reviews* 118: 5690–5754.

20 Sicard, E. (2017). Introducing 7-nm FinFET technology in Microwind. *HAL* (24 July).

21 Mistry, K. (2017, 2017). *10 nm technology leadership, Technology and Manufacturing Day*. Intel.

22 Fairley, P. (2013). Germany jump-starts the supergrid. *IEEE Spectrum* (May), P. 37–41.

23 Bhattacharya, S. (2017). Transforming the transformer. *IEEE Spectrum* (July), P. 39–43.